Buchführung und Bilanzierung
>einfach und fundiert<

Anne-Katharina Tomiuk

Buchführung und Bilanzierung >einfach und fundiert<

Die Grundlagen mit zahlreichen Beispielen erklärt

mitp

Bibliografische Information der Deutschen Nationalbibliothek
Die Deutsche Nationalbibliothek verzeichnet diese Publikation in der Deutschen Nationalbibliografie; detaillierte bibliografische Daten sind im Internet über http://dnb.d-nb.de abrufbar.

Bei der Herstellung des Werkes haben wir uns zukunftsbewusst für umweltverträgliche und wiederverwertbare Materialien entschieden.

Der Inhalt ist auf elementar chlorfreiem Papier gedruckt.

ISBN 978-3-7475-0763-6

1. Auflage 2024

www.mitp.de

E-Mail: mitp-verlag@sigloch.de
Telefon: +49 7953 / 7189 - 079
Telefax: +49 7953 / 7189 - 082

© 2024 mitp Verlags GmbH & Co. KG, Frechen

Dieses Werk, einschließlich aller seiner Teile, ist urheberrechtlich geschützt. Jede Verwertung außerhalb der engen Grenzen des Urheberrechtsgesetzes ist ohne Zustimmung des Verlages unzulässig und strafbar. Dies gilt insbesondere für Vervielfältigungen, Übersetzungen, Mikroverfilmungen und die Einspeicherung und Verarbeitung in elektronischen Systemen.
Die Wiedergabe von Gebrauchsnamen, Handelsnamen, Warenbezeichnungen usw. in diesem Werk berechtigt auch ohne besondere Kennzeichnung nicht zu der Annahme, dass solche Namen im Sinne der Warenzeichen- und Markenschutz-Gesetzgebung als frei zu betrachten wären und daher von jedermann benutzt werden dürften.

Fachkorrektur: Sabine Menke
Lektorat: Katja Völpel
Sprachkorrektorat: Petra Heubach-Erdmann
Covergestaltung: Christian Kalkert
Bildnachweis: chaylek/stock.adobe.com
Satz: III-satz, Kiel, www.drei-satz.de
Druck: Plump Druck & Medien GmbH, Rheinbreitbach

Inhaltsverzeichnis

Einleitung

Die Grundlagen der Buchführung und Bilanzierung werden in diesem praxisorientierten Leitfaden für Einsteiger vermittelt. Das Buch richtet sich an Unternehmerinnen und Unternehmer, Studierende, Selbstständige und alle, die einen fundierten Einstieg in die Welt der Finanzbuchhaltung suchen. Entwickelt wurde dieser Leitfaden vor dem Hintergrund einer realen Lernsituation mit Herrn Bausig, einem fiktiven Unternehmer, der sich in seinem Industrieunternehmen mit den Herausforderungen der Buchführung auseinandersetzt. Ziel ist es, komplexe Themen verständlich zu erklären und Leserinnen und Lesern ohne tiefgehende Vorkenntnisse ein solides Grundverständnis für die Buchführung zu vermitteln.

Das erste Kapitel führt durch die Aufgaben und Rechtsgrundlagen der Buchführung, gefolgt von einer Erläuterung der Inventur, des Inventars und der Bilanz im zweiten Kapitel. Ein Verständnis der Werteveränderungen in der Bilanz, präsentiert im dritten Kapitel, bildet die Grundlagen für die Buchung im Grund- und Hauptbuch. Die Systematik des Buchens wird im vierten Kapitel detailliert erläutert, wobei im vierten Kapitel die Logik anhand der Bestandskonten aufgezeigt wird, gefolgt vom fünften Kapitel, das die Logik der Buchführung von den Erfolgskonten erklärt. Ab dem sechsten Kapitel werden wesentliche Spezialthemen beleuchtet, darunter Abschreibungen auf Sachanlagen, die Berechnung und Buchung der Umsatzsteuer sowie die Bestandsveränderungen und Privatentnahmen bzw. -einlagen. Das abschließende Kapitel präsentiert wesentliche Unterschiede zu Handelsbetrieben.

Herr Bausig, der Eigentümer eines mittelständischen Unternehmens ist, steht stellvertretend für viele kleine und mittelständische Unternehmerinnen und Unternehmer, die mit den komplexen Anforderungen der Finanzbuchhaltung konfrontiert sind. Das Unternehmen von Herrn Bausig nennt sich Bausig OHG. Es handelt sich dabei um eine Personengesellschaft und er ist in der Baubranche tätig. Zu seinen Produkten gehören Lagerhallen, Garagen und Holzhäuser. Seine Mitarbeiterin Frau Petryzka ist für die Finanzbuchhaltung zuständig und steht Herrn Bausig mit Rat und Tat zur Seite. Seine praxisnahe Geschichte bildet den roten Faden dieses Buches und veranschaulicht, wie die theoretischen Grundlagen der Buchführung in der realen Geschäftswelt angewendet werden.

Kapitel 1

Aufgaben und Rechtsgrundlagen der Buchführung

Die Buchführung zu verstehen, hilft uns, wirtschaftliche Zusammenhänge besser zu begreifen. In diesem Kapitel wird die doppelte Buchführung, die Grundsätze ordnungsmäßiger Buchführung sowie die Systematik der Bücher und des Kontenrahmenplans erklärt.

1.1 Die Buchführung hilft, wirtschaftliche Vorgänge zu verstehen

Viele Menschen empfinden die Buchhaltung, auch als Buchführung bekannt, oft als uninteressant und lästig – ein notwendiges Übel, das vom Gesetzgeber gefordert wird. Doch wer die systematische Struktur der Buchführung durchdringt, wird ein tieferes Verständnis für die wirtschaftliche Welt erlangen.

Die Ursprünge der Buchführung gehen bis ins späte 13. Jahrhundert nach Venedig zurück. Dort begannen venezianische Kaufleute, weltweit zu agieren, und benötigten eine Methode, um den Überblick über ihren Warenbestand und ihr Kapital zu behalten. Sie hielten ihre Transaktionen fest – ein Prinzip, das auch heute noch das Fundament der Buchhaltung bildet. Jede Aktion, wie ein Wareneinkauf, erfordert stets zwei Buchungen. Einerseits steigt der Warenbestand, andererseits verringert sich das investierte Kapital.

Die ursprüngliche Idee hinter der Buchführung besteht darin, eine kontrollierende Instanz für das Unternehmen zu schaffen, um sicherzustellen, dass nicht mehr Geld ausgegeben wird, als das Unternehmen besitzt. Dieses Prinzip gilt auch heute noch als Grundlage. Während es leicht ist, den Überblick über persönliche Ausgaben zu behalten, sei es im eigenen Portemonnaie oder auf dem Bankkonto, gestaltet sich dies bei Unternehmen deutlich komplexer. Sie verfügen über materielle und immaterielle Vermögenswerte sowie Eigen- und Fremdkapital. Täglich finden zahlreiche Transaktionen statt, die eine Veränderung des Vermögens und Kapitals bedeuten. Die Dokumentation dieser wirtschaftlichen Vorgänge ermöglicht einen umfassenden Einblick in die wirtschaftliche Gesundheit des Unternehmens. Durch die Verwendung von Zahlen zur Erfassung der wirtschaftlichen Vorgänge wurde eine finanzielle Gewinnberechnung ermöglicht.

Heute ist das Streben nach Gewinn zur Grundhaltung geworden, das im marktwirtschaftlichen System verankert ist. Durch die doppelte Buchführung kann berechnet werden, wie viel Arbeitskraft und Geld die Unternehmung einsetzen muss, um letztlich Profit zu erzielen.

Die Bewertung von Staaten erfolgt anhand des Bruttoinlandsprodukts, das als Indikator für den wirtschaftlichen Wohlstand einer Nation dient. Unternehmen hingegen werden an ihrem Gewinn gemessen, und dieser Faktor beeinflusst den Erfolg. Ein höherer Gewinn führt zu einem positiven Image und einer besseren Reputation.

Unsere wirtschaftliche Struktur zielt darauf ab, stetig Mehrwert zu generieren. Dieser Mehrwert wird in Zahlen ausgedrückt, um eine einfache Vergleichbarkeit zu gewährleisten – und diese Zahlen stammen aus der Buchführung. Der Kapitalismus und die doppelte Buchführung sind eng miteinander verknüpft. Das Streben nach höherem Gewinn bildet das Hauptziel eines Unternehmens. Individuen verfolgen das Prinzip des Kosten-Nutzen-Kalküls, um höhere Positionen anzustreben und dadurch ein besseres Einkommen sowie gesellschaftliche Anerkennung zu erlangen.

Wir haben diese Denkweise internalisiert, und Unternehmen streben danach. Ihre Leistung wird anhand dieser Prinzipien gemessen, und die entsprechenden Zahlen stammen aus einer ordnungsmäßig geführten Buchführung.

Allerdings wird an dieser Stelle angemerkt, dass Faktoren wie Gesundheit, Bildung, Umwelt, Boden, Trinkwasser und Klima weitgehend unberücksichtigt bleiben. Kritiker behaupten, dass die Buchführung oft die Realität nicht adäquat erfasst. Wie können wir immer nach Wachstum streben, wenn die Ressourcen begrenzt sind? Es gibt viele, die sich vom Kapitalismus distanziert haben und nach alternativen Ansätzen suchen. Dies wird zu einer bedeutenden Debatte in unserer zukünftigen Gesellschaft führen. Jeder Einzelne wird darüber nachdenken müssen, welches Lebenskonzept verfolgt werden soll und inwieweit Umweltkosten in die persönliche Buchführung einbezogen werden sollen.

Es ist zwar möglich, die Welt ohne Buchführung zu begreifen, dennoch erleichtert sie das Verständnis für die wirtschaftliche Welt und unsere kapitalistische Gesellschaft erheblich. Die Beherrschung der Buchführung ermöglicht fundierte Entscheidungen, beispielsweise ob eine Unternehmensbewertung anhand von Bilanz und Gewinn- und Verlustrechnung sinnvoll ist.

1.2 Die doppelte Buchführung

Jede Handlung, die eine Veränderung des Vermögens oder Kapitals eines Unternehmens zur Folge hat, wird als Geschäftsvorfall oder Geschäftsfall bezeichnet. Diese Handlungen müssen stets durch Belege nachweisbar sein.

Wenn ein Kunde bei einem Unternehmen anruft und sich ein Angebot über Waren schicken lässt, wird bisher noch kein Vermögen oder Kapital verändert. Dies stellt zwar eine Handlung dar, aber noch keinen Geschäftsfall. Wenn das Angebot an den Kunden verschickt, der Kunde die Ware bestellt und das Unternehmen sie ausgeliefert hat, ist jetzt ein Geschäftsfall daraus geworden. Denn das Vermögen hat sich verändert: Im Unternehmen verbleibt weniger Ware als vor der Auslieferung und das Unternehmen fordert die Bezahlung der Rechnung über den Warenwert.

Jeder Geschäftsfall wird zweifach gebucht, nämlich einmal im Soll und einmal im Haben. Soll bedeutet links und Haben bedeutet rechts. Eine genauere Erklärung erfolgt im Abschnitt 4.2 »Vom Geschäftsfall zum Buchungssatz«. Zum Beispiel, wenn wir einen Kredit mithilfe unseres Bankguthabens begleichen, verringert sich sowohl der Kredit als auch unser Bankvermögen. Beide Handlungen werden erfasst.

Wenn ein Unternehmen ein Grundstück erwirbt und dafür einen Kredit aufnimmt, wird dieser Vorgang in der Buchführung sowohl bei der Zunahme der Grundstücke als auch bei der Zunahme des Kredits erfasst.

Ebenso, wenn ein Unternehmen selbst hergestellte Produkte verkauft und der Kunde bar bezahlt, wird dieser Vorgang sowohl bei der Steigerung der Umsatzerlöse durch eigen erzeugte Produkte als auch bei der Steigerung des Bargeldbestandes erfasst.

Doppelte Buchführung bedeutet, dass jeder Geschäftsfall einmal im Soll und einmal im Haben erfasst wird.

1.3 Grundsätze ordnungsmäßiger Buchführung

1.3.1 Gesetzliche Vorschriften

Jede Kauffrau und jeder Kaufmann ist gemäß gesetzlicher Vorgaben verpflichtet, eine sorgfältige und ordnungsmäßige Buchführung zu führen. Die rechtliche Grundlage ist im Handelsgesetzbuch (HGB) verankert.

Die Bezeichnung Kaufmann oder Kauffrau wird im alltäglichen Sprachgebrauch oft anders verwendet, als es der Gesetzgeber definiert, wie in § 1 Absatz 1 HGB präzisiert wird.

Gemäß § 238 Abs. 1 Satz 1 HGB ist jeder Kaufmann dazu verpflichtet, Bücher zu führen in denen seine Handelsgeschäfte sowie die Vermögenslage gemäß den

Prinzipien ordnungsmäßiger Buchführung ersichtlich sind. Hierbei sind die folgenden Bestimmungen im Handelsgesetzbuch zu beachten:

- §§ 238 bis 263 HGB: Allgemeine Vorschriften für alle Kaufleute
- §§ 264 bis 289f: Ergänzende Vorschriften für Kapitalgesellschaften und bestimmte Personenhandelsgesellschaften

Im weiteren Verlauf des HGB werden ergänzende Bestimmungen für Konzernabschlüsse, Prüfung und Offenlegung, eingetragene Genossenschaften, Kreditinstitute, Finanzdienstleistungsinstitute, Wertpapierinstitute, Zahlungsinstitute, E-Geld-Institute, Versicherungsunternehmen, Pensionsfonds und ausgewählte Unternehmen des Rohstoffsektors erläutert. Es ist anzunehmen, dass zukünftige gesetzliche Anpassungen in diesen Bereichen vom Gesetzgeber vorgenommen werden. Es empfiehlt sich daher stets, die aktuell gültigen Gesetze zu konsultieren, beispielsweise auf der Website: `https://www.gesetze-im-internet.de/hgb/`

Die ergänzenden Vorschriften sind präziser als die allgemeinen Regelungen und müssen entsprechend beachtet werden. Weitere Vorgaben finden sich im Einkommens- und Umsatzsteuergesetz.

In § 241a HGB ist festgelegt, wer von der Buchführungspflicht und der Erstellung eines Inventars befreit ist. Diese Befreiung hängt von der Höhe des Umsatzes und des Jahresüberschusses ab. Sofern die festgelegten Grenzen nicht überschritten werden, genügt eine Einnahmen-Überschuss-Rechnung (EUR), die dem Finanzamt vorgelegt wird.

Die Grundsätze ordnungsmäßiger Buchführung (GoB) werden in § 238 Absatz 1 HGB erwähnt. Viele dieser Prinzipien sind auch für die Erstellung des Jahresabschlusses relevant. Die Einhaltung der GoB ist unabdingbar. Die Buchführung muss so gestaltet sein, dass auch eine sachkundige externe Person die Zahlen erfassen kann. Wenn jedes Unternehmen eigene Buchführungsmethoden nutzen würde, würde dies die Finanzbehörden mehr damit beschäftigen, die Zahlen zu interpretieren, statt sie zu prüfen. Gleiches gilt für potenzielle Investoren oder Kreditgeber, die Zugang zu den Jahresabschlüssen erhalten können. Die GoB wurden mit dem Ziel entwickelt, eine klare und geordnete Buchführung zu ermöglichen, um einen zügigen Überblick zu gewährleisten.

Das HGB gilt für alle deutschen Unternehmen. Kapitalmarktorientierte Unternehmen dürfen bei Konzernabschlüssen auch internationale Bestimmungen anwenden. Für weiterführende Informationen zu internationalen Abschlüssen empfiehlt es sich, die folgenden Quellen zu konsultieren: `https://www.drsc.de/` und `https://www.ifrs.org/`.

1.3.2 Grundsätze ordnungsmäßiger Buchführung als Rechtsnorm

1. Quelle: Gesetz
2. Quelle: Rechtsprechung
3. Quelle: Handelsbrauch

Die grundlegenden Prinzipien, die in der Buchführung Anwendung finden, werden in der sogenannten ersten Quelle, den Gesetzen, wie dem HGB dargelegt. Gesetze bündeln Rechtsvorschriften zu bestimmten Rechtsgebieten.

Die zweite Quelle dient der Weiterentwicklung und detaillierten Ausarbeitung der Gesetze. Hier werden Rechtsprechungen etabliert, die dann allgemeine Gültigkeit erlangen können. Beispielsweise werden Urteile zur Verbuchung von Geschäftsvorfällen gefällt. Als oberste Instanz fungiert der Bundesfinanzhof. Gelegentlich scheinen Gesetze und Rechtsprechungen miteinander in Konflikt zu geraten. In einem fortlaufenden Dialog zwischen Wissenschaft und Praxis werden Detailfragen präzisiert.

Die dritte Quelle sind die etablierten Handelsbräuche. Hierbei handelt es sich um übliche Verhaltensmuster zwischen Kaufleuten, die allgemein anerkannt sind, jedoch nicht explizit im Gesetz verankert wurden.

1.3.3 Grundsätze

Im Gesetz werden überwiegend drei Prinzipien geklärt:

1. Ordnungsmäßige Inventur
2. Ordnungsmäßige Dokumentation
3. Ordnungsmäßige Bilanzierung

Das Prinzip der ordnungsmäßigen Inventur beinhaltet das Belegprinzip, das besagt, dass sämtliche Buchungen auf Belege zurückzuführen sein müssen. Es definiert die Anforderungen an die Erstellung einer Inventur sowie die zulässigen Verfahren.

Die ordnungsmäßige Dokumentation umfasst das Klarheitsprinzip. Dies erfordert eine eindeutige Kennzeichnung der relevanten Konten und eine Erläuterung im Kontenplan. Buchungen werden im Grund- und Hauptbuch vorgenommen (s. Abschnitt 1.4 »Das System von Büchern, Kontenrahmen und Kontenplan«).

Zur ordnungsmäßigen Bilanzierung zählen Prinzipien der Vollständigkeit, der Richtigkeit, der Identität und der Vorsicht. Sämtliche Geschäftsfälle, die Einfluss auf Vermögen und Erfolg haben, müssen erfasst werden, um als vollständig zu gelten. Alle Geschäftsvorfälle sind auf dem richtigen Konto und in korrekter Höhe zu verbuchen. Das Identitätsprinzip verlangt, dass der Anfangsbestand der Konten zum Jahresbeginn mit dem Schlussbestand des Vorjahres übereinstimmt, d.h. identisch ist. Keine Veränderungen an den Konten dürfen zwischen dem Abschluss des Vorjahres und der Eröffnung des neuen Geschäftsjahres vorgenommen werden.

Das Vorsichtsprinzip zählt zu den bedeutendsten Grundsätzen bei der Erstellung des Jahresabschlusses. Es besagt, dass eine vorsichtige Bewertung notwendig ist (§ 252 Absatz 1 Nr. 4 HGB).

Dies bedeutet, dass sämtliche Verluste, unabhängig davon, ob sie realisiert wurden oder nicht, ausgewiesen werden müssen. Nicht realisierte Gewinne hingegen werden nicht erfasst, es sei denn, sie wurden realisiert, d.h. durch Umsätze realisiert. Dies führt bewusst zu einer gewissen Ungleichheit: Gewinne werden eher vorsichtig niedrig und Verluste eher vorsichtig hoch ausgewiesen. Dies wird auch als Imparitätsprinzip bezeichnet.

1.4 Das System von Büchern, Kontenrahmen und Kontenplan

Die Buchführung besteht aus verschiedenen Büchern: Grundbuch, Hauptbuch und Nebenbücher.

Das **Grundbuch**, auch als Journal bezeichnet, erfasst sämtliche Geschäftsvorfälle in chronologischer Reihenfolge.

Datum	Belegnummer	Buchungstext	Soll	Haben

Das **Hauptbuch** verzeichnet dieselben Geschäftsvorfälle wie im Grundbuch, jedoch werden sie nach Sachkonten erfasst. Angenommen es wurden Rohstoffe eingekauft und per Banküberweisung bezahlt, so würde dieser Vorgang im Grundbuch mit Datum des Rohstoffkaufs erfasst und im Hauptbuch unter den Konten »Rohstoffe« und »Bank«.

S	Rohstoffe	H	S	Bank	H

Die Sachkonten werden in sogenannte T-Konten geführt. T-Konto heißt das Konto, weil die beiden Striche, die das Konto darstellen, wie ein T aussehen. Das ist auch die einzige Erklärung. In dem obigen Beispiel gibt es ein Rohstoffkonto und ein Bankkonto.

Je nach Unternehmensgröße und Rechtsform sind **Nebenbücher** erforderlich. Ein Anlagenbuch könnte erforderlich sein, um Zugänge und Abgänge des Anlagevermögens unter Berücksichtigung der Abschreibungen zu dokumentieren. Nebenbücher bieten detailliertere Informationen im Vergleich zum Hauptbuch. Wenn das Unternehmen Mitarbeiterinnen und Mitarbeiter beschäftigt, ist ein Nebenbuch für die Lohn- und Gehaltsbuchung erforderlich.

Der **Kontenrahmen** dient als branchenspezifisches Verzeichnis zur Orientierung. Eine ungeordnete Aufzeichnung im Grund- und Hauptbuch kann schon bei wenigen Konten zur Unübersichtlichkeit führen und benötigt viel Zeit. Die Verwendung eines systematischen Kontenrahmens erleichtert das Auffinden der Konten während der Buchung und ermöglicht Dritten, wie neuen Mitarbeitern oder Gläubigern, eine bessere Einsicht.

Der Kontenrahmenplan für die Industrie folgt der Einteilung in Kontenklassen. Konten des Anlagevermögens erhalten Nummern von 0 bis 1, Konten des Umlaufvermögens 2, Eigenkapital und Rückstellungen 3 usw. Zuerst werden die Aktiva und Passiva aus der Bilanz aufgeführt. Die Reihenfolge entspricht der Bilanz und wird durchnummeriert. Die Begrifflichkeiten werden im Abschnitt 2.3 »Aufbau einer Bilanz« näher erläutert.

Der Kontenplan ist die individuelle Anpassung des Kontenrahmenplans für das jeweilige Unternehmen. Jedes Unternehmen hat eigene Besonderheiten, die sich in den Konten widerspiegeln. Falls das Unternehmen verschiedene Bankkonten besitzt, die getrennt voneinander gebucht werden, erhalten diese jeweils eigene Konten mit individuellen Nummern. Der Kontenplan ist eine sortierte Liste, die Konten nach Anlage- und Umlaufvermögen sowie Erfolgs- und Aufwandskonten ordnet. Die grundlegende Systematik des Kontenrahmens wird beibehalten, um externe, brancheninterne Vergleiche zu ermöglichen.

Eine eindeutige Nummerierung der Hauptbuchkonten ist unerlässlich und wird im Kontenplan festgehalten. Diese Nummerierung sollte im Sinne des Stetigkeitsgebots nicht verändert werden.

1.5 Trotz DV-gestützter Buchführung die Grundlagen verstehen

Heutzutage wird in Unternehmen für die Buchführung spezialisierte Software eingesetzt. Diese Software erleichtert die Erfassung von Buchungen im Grund- und Hauptbuch erheblich. Bei einem Geschäftsfall müssen lediglich die betreffenden Konten mit dem entsprechenden Betrag eingegeben werden, woraufhin die Buchung automatisch sowohl im Grund- als auch im Hauptbuch erfolgt.

Die naheliegende Frage ist jedoch, warum der Weg überhaupt noch manuell gegangen wird. Prognosen deuten darauf hin, dass künstliche Intelligenz (KI) wahrscheinlich in absehbarer Zukunft solche Buchungen effizienter erledigen kann als Menschen. Immerhin kann sich ein Zahlendreher bei manuellen Eingaben leicht einschleichen, was dazu führen kann, dass der Betrag versehentlich auf einem völlig anderen Konto gebucht wird.

Wie in Abschnitt 1.1 bereits erwähnt, ist es wichtig, die Grundlagen zu verstehen, um die wirtschaftlichen Vorgänge nachvollziehen zu können. Bis KI jedoch ein Niveau erreicht, auf dem sie Buchhalter in vielen Aspekten übertreffen kann, werden manuelle Eingaben weiterhin erfolgreich funktionieren – solange, bis ein Fehler auftritt. In solchen Fällen beginnt die mühsame Suche nach dem Fehler, die mitunter dem sprichwörtlichen Suchen der Nadel im Heuhaufen ähnelt. Wenn die Person, die den Fehler sucht, die Grundprinzipien der Buchführung und der Kontenstruktur nicht verstanden hat, gestaltet sich die Fehlersuche nahezu unmöglich.

Besonders bei komplexen Geschäftsvorfällen ist es umso bedeutsamer, dass die buchende Person auch wirklich versteht, was sie tut. Die derzeit verfügbare Software automatisiert zwar Prozesse, doch die korrekte Eingabe muss nach wie vor von der kompetenten Person vorgenommen werden.

Überprüfen Sie Ihr Wissen zu diesem Kapitel:

`https://learningapps.org/watch?v=pttdoesrn24`

Kapitel 2

Inventur – Inventar – Bilanz

2.1 Inventur durchführen

Die Gründung eines Handelsgewerbes markiert den Beginn einer Geschäftstätigkeit. Nach § 240 Absatz 1 HGB ist jeder Kaufmann verpflichtet, eine Aufzeichnung seiner Grundstücke, seiner Forderungen und Schulden, Bargeldbeträge und seinen sonstigen Vermögensgegenständen zu führen. Hierbei sollen die Werte der einzelnen Vermögensgegenstände und Schulden angegeben werden.

Diese Verpflichtung der Dokumentation beschränkt sich nicht nur auf die Gründungsphase eines Handelsgewerbes, sondern wird gemäß § 240 Absatz 2 HGB ebenfalls am Ende eines jeden Geschäftsjahres gefordert. Diese schriftliche Erfassung wird als **Inventar** bezeichnet.

Für die Erstellung eines Inventars ist eine **Inventur** unerlässlich. Eine Inventur stellt eine körperliche Bestandsaufnahme aller Vermögensgegenstände und Schulden dar. Mittels Messung, Zählung oder Wiegen werden die Werte an einem bestimmten Stichtag ermittelt. In der Regel handelt es sich dabei um den Bilanzstichtag, der gewöhnlich auf den 31.12. jedes Jahres fällt.

Das Vorgehen mit Messen, Zählen und Wiegen ist nicht immer anwendbar, etwa bei Bankguthaben oder Krediten. In diesen Fällen kann die Überprüfung anhand von Kontoauszügen und Vertragsunterlagen erfolgen, was als Beleginventur oder Buchinventur bezeichnet wird.

Angenommen, ein Handelsgewerbe wird am 15. Mai gegründet. Zu diesem Zeitpunkt ist ein Inventar zu erstellen. Wenn der Bilanzstichtag auf den 31. Dezember festgelegt ist, um das Geschäftsjahr zu beenden, wird im selben Jahr ein weiteres Inventar am 31. Dezember erstellt. In den folgenden Jahren liegen dann stets zwölf Monaten zwischen den Inventarerstellungen.

Die **Stichtagsinventur** beinhaltet eine körperliche Bestandsaufnahme an einem festgelegten Stichtag, beispielsweise dem 31. Dezember. In diesem Fall müssten an einem Tag sämtliche Vermögenswerte und Schulden erfasst werden. Das ist je nach Größe des Unternehmens nicht möglich. Nach § 241 HGB erlaubt der Gesetzgeber Inventurvereinfachungsmethoden, die die Arbeitslast erheblichen reduzieren können.

Inventurverfahren			
Stichtagsinventur	Stichprobeninventur (§ 242 (1) HGB)	Permanente Inventur (§ 241 (2) HGB)	Verlegte Inventur § 241 (3) HGB

Gemäß § 241 Absatz 1 HGB wird die Durchführung einer **Stichprobeninventur** gestattet, sofern der Warenbestand in Bezug auf Art, Menge und Wert mithilfe mathematisch-statistischen Verfahren anhand von Stichproben ermittelt werden kann. Dabei müssen die Ergebnisse dieser Methode mit dem der körperlichen Inventur übereinstimmen. Jedoch sind nicht alle Vermögensgegenstände für diese Methode geeignet. Bei leicht verderblicher Ware oder hochwertigen Produkten wie Maschinen ist die Anwendung der Stichprobeninventur nicht zulässig. Ebenso ist sie nicht angemessen, wenn ein Vermögensgegenstand einem unkontrollierten Schwund, wie beispielsweise Verdunstung, unterliegt. Die Stichprobeninventur ermöglicht zwar Zeitersparnis, jedoch ist ihre Anwendung eingeschränkt und nicht für alle Vermögensgegenstände geeignet.

Gemäß § 241 Absatz 2 HGB ist die **permanente Inventur** erlaubt. Hierbei wird die körperliche Bestandsaufnahme über das gesamte Jahr verteilt. Als Beispiel könnte der gesamte Fuhrpark am 14. November gezählt und aufgezeichnet werden, obwohl der Bilanzstichtag erst am 31. Dezember liegt. Dieser Zeitraum ist variabel wählbar. Die Erfassung aller Vermögensgegenstände und Schulden muss nicht am selben Tag erfolgen. Dies gewährleistet eine hohe Flexibilität und kann bei vorhandenen Personalkapazitäten durchführt werden. Eine Grundvoraussetzung für diese Methode ist die Führung von Büchern, die Zu- und Abgänge dokumentieren. Nach der Erfassung müssen die Daten bis zum Stichtag fortgeschrieben werden. Der Wert am Stichtag muss mit den Büchern übereinstimmen und durch Belege belegbar sein.

Laut § 241 Absatz 3 HGB stellt die **verlegte Inventur** eine alternative Methode dar. Diese kann innerhalb der letzten drei Monate vor oder der ersten beiden Monate nach dem Bilanzstichtag durchgeführt werden. Weiterführende Erläuterungen zur Bestandsaufnahme des Vorratsvermögens finden sich im Einkommenssteuergesetz R 5.3. (zu § 5 EStG). Wenn die Komplexität des Unternehmens eine Inventur zum Bilanzstichtag aufgrund großer Bestände nicht zulässt, kann diese Methode angewandt werden. Bei einer Inventur nach dem Stichtag ist eine Rückrechnung zum Bilanzstichtag erforderlich. Im Fall einer vorverlegten Inventur muss eine wertmäßige Fortschreibung erfolgen. Das genaue Inventurdatum muss innerhalb von fünf Monaten festgelegt und dokumentiert werden.

Im Falle einer Fortschreibung werden alle Zugänge zwischen Inventur- und Bilanzstichtag addiert, während Abgänge in diesem Zeitraum subtrahiert werden.

Bei einer nachgelagerten Inventur erfolgt eine Rückrechnung. Dies bedeutet, dass die Zugänge zwischen dem Bilanz- und Inventurstichtag subtrahiert und die Abgänge addiert werden.

2.2 Inventar erstellen

Die Ergebnisse der Inventur werden in einem Inventar festgehalten. Gemäß § 241a HGB sind bestimmte Einzelkaufleute von der Inventarerstellung befreit, sofern sie nicht zur Führung einer Buchhaltung verpflichtet sind.

Das Inventar wird in einer Staffelform präsentiert und besteht aus drei Hauptteilen: dem Vermögen, den Schulden und dem Reinvermögen bzw. Eigenkapital.

Das Vermögen unterteilt sich in Anlagevermögen und Umlaufvermögen. Zum Anlagevermögen gehören Vermögensgegenstände mit langfristiger Nutzungsabsicht, wie Maschinen, Fuhrpark und Betriebs- und Geschäftsausstattung. Im Umlaufvermögen sind kurzfristig genutzte Vermögensgegenstände erfasst, zu denen Forderungen, Bankguthaben und Kassenbestände gehören.

Die Schulden gliedern sich in langfristige Schulden wie Hypotheken und Darlehen sowie kurzfristige Schulden wie Verbindlichkeiten aus Lieferung und Leistung.

Die Unterscheidung zwischen langfristigen und kurzfristigen Schulden erfolgt anhand einer Zeitspanne von einem Jahr: Langfristige Schulden haben eine Laufzeit von mehr als einem Jahr, während kurzfristige Schulden innerhalb eines Jahres fällig werden.

Das Reinvermögen wird durch Subtraktion der Schulden vom Vermögen ermittelt. Es stellt somit den reinen Wert dar, der dem Unternehmen nach Abzug aller Verbindlichkeiten verbleibt.

Reinvermögen = Vermögen – Schulden

Lernsituation: Herr Bausig hat ein Bauunternehmen. Die Aufträge laufen zur Zeit sehr gut. Er weiß allerdings genau, wie schnell sich dies ändern kann. Von daher hat er beschlossen, die Buchhaltung stärker im Blick zu behalten. Aus diesem Grund lässt er sich von Frau Petryzka, seiner Mitarbeiterin in der Finanzbuchhaltung, die Buchhaltung erklären. Sie zeigt ihm zunächst das Inventar, das nach der Inventur erstellt wurde.

Inventar für: Bausig OHG zum 31.12.XX

A	**Vermögen**	**€ pro Posten**	**€ insgesamt**
I.	**Anlagevermögen**		
1.	Grundstücke und Bauten		150.000,00
	Betriebsgebäude		70.000,00
	Verwaltungsgebäude		35.000,00
2.	Technische Anlagen und Maschinen		
	Maschine Deluxe 2.0		24.000,00
	Technische Anlage Reinigung		12.250,00
	2 Sägewerk	15.000,00	30.000,00
3.	Werkezeuge		
	4 Kettensägen	3.000,00	12.000,00
	3 Bohrer	550,00	1.650,00
4.	Fuhrpark		
	2 Bagger	33.500,00	67.000,00
	1 Kleintransporter		1.500,00
5.	Betriebs- und Geschäftsausstattung lt. Verzeichnis		32.490,00
II.	**Umlaufvermögen**		
1.	Rohstoffe		
	4t Kies	35,00	140,00
	4t Sand	16,00	64,00
	1t Gips		70,00
	5t Naturstein	300,00	1.500,00
	200 Raummeter (Rm) Holz	7,50	1.500,00
2.	Forderungen aus Lieferung und Leistung		
	F. Balter, Stuttgart		15.000,00
	S. Tabert, Schlierbach		2.520,00
3.	Kasse		3.650,00
4.	Postbankguthaben		22.549,00
	Bankguthaben Sparkasse		52.030,00
	Summe des Vermögens		534.913,00

B	**Schulden**		
I.	**Langfristige Schulden**		
1.	Hypothekenschuld		102.000,00
2.	Darlehensschulden		

	Deutsche Bank, Stuttgart	45.000,00
	Sparkasse, Kassel	52.000,00
II.	**Kurzfristige Schulden**	
	Verbindlichkeiten aus Lieferung und Leistung	
	B. Nöll, Berlin	13.000,00
	Kaiser OHG, Schlierbach	4.450,00
	Peter e.K., Kassel	9.750,00
	Tönnig KG, Fulda	6.250,00
	Summe der Schulden	232.450,00

C	**Ermittlung des Eigenkapitals**	
	Summe Vermögen	534.913,00
-	Summe Schulden	232.450,00
=	Eigenkapital (Reinvermögen)	302.463,00

Frau Petryzka erklärt, dass in diesem Inventar jede Position detailliert zu sehen ist. Für jeden Posten brauchen wir Belege, wie Rechnungen, Vertragsunterlagen oder Kontoauszüge.

Sie meinte weiter: »Das Reinvermögen gehört uns. Es ist unser Eigenkapital.« Herr Bausig freut sich, dass es so hoch ist. Frau Petryzka gibt zu bedenken, dass es durch die Gebäude und Maschinen sehr viel gebundenes Kapital im Anlagevermögen gibt. Von daher ist es notwendig, dass das Eigenkapital so hoch ist. Ansonsten könnten sie auch schnell Liquiditätsprobleme bekommen. Im schlimmsten Fall führt das in die Insolvenz.

Diese Aussage erklärt sie noch einmal im Detail: Das Anlagevermögen umfasst langfristige Vermögenswerte, die dazu bestimmt sind, dem Unternehmen über einen längeren Zeitraum zu dienen, normalerweise länger als ein Jahr. Hierzu zählen Grundstücke, Gebäude, Maschinen usw. Diese Vermögenswerte sind oft teuer und haben eine längere Nutzungsdauer. Unternehmen können Eigenkapital nutzen, um das Anlagevermögen zu erwerben oder zu finanzieren. Sie müssen sicherstellen, dass ausreichend Eigenkapital vorhanden ist, um ihre langfristigen Vermögenswerte zu finanzieren, da dies ihre Fähigkeit beeinflusst, Investitionen zu tätigen und langfristig wettbewerbsfähig zu bleiben.

Bei unvorhergesehenen Ereignissen, wie wirtschaftlichen Abschwüngen, Naturkatastrophen oder anderen Krisen, könnte es sein, dass Unternehmen schnell liquide Mittel benötigen. In solchen Situationen kann es schwierig sein, rasch Bargeld zu generieren, insbesondere wenn die Vermögenswerte des Anlagevermögens nicht leicht liquidiert werden können. Das bedeutet, sie können nicht schnell verkauft werden. Daher hilft ein hohes Eigenkapital, um nicht in liquide Schwierigkeiten zu geraten. Eigenkapital ist im Gegensatz zu Fremdkapital unabhängig einsetzbar. Es stärkt die finanzielle Position eines Unternehmens, da es den Spielraum für unvorhergesehene Ausgaben und Engpässe erhöht. Im Gegensatz zum Fremdkapital, das zurückgezahlt werden muss, ist Eigenkapital nicht mit festen Zahlungsverpflichtungen verbunden. Unternehmen können somit auf Eigenkapital zurückgreifen, ohne zusätzlichen finanziellen Druck durch Rückzahlungen in wirtschaftlich schwierigen Zeiten zu erfahren. Die Unabhängigkeit bei der Verwendung von Eigenkapital im Vergleich zu Fremdkapital bedeutet, dass Unternehmen mehr Flexibilität bei der Bewältigung finanzieller Herausforderungen haben.

Herr Bausig ist mit dieser Übersicht zufrieden und fragt, was mit diesem Inventar nun gemacht wird. Frau Petryzka zeigt ihm die Bilanz.

2.3 Aufbau einer Bilanz

Gemäß § 242 Absatz 1 HGB ist jeder Kaufmann dazu verpflichtet, eine Eröffnungsbilanz bei Geschäftseröffnung sowie eine jährliche Bilanz am Bilanzstichtag zu erstellen. Die Bilanz fungiert als Zusammenfassung des Inventars, wobei die detailliert aufgeführten Vermögensgegenstände und Schulden zu Posten zusammengeführt werden. Die Aufstellung der Bilanz zählt zu den Aufgaben des Jahresabschlusses, deren Grundsatz in § 243 HGB erläutert wird. Die Bilanz muss in deutscher Sprache und in Euro aufgestellt werden, wie es § 244 HGB vorschreibt.

In Übereinstimmung mit § 247 HGB werden Anlage- und Umlaufvermögen in Relation zu Eigenkapital und Schulden gesetzt. Rechnungsabgrenzungsposten sind gesondert auszuweisen und werden hier der Einfachheit halber vernachlässigt.

Mehr Informationen über die Rechnungsabgrenzungsposten erfahren Sie hier:

Die Gliederung der Bilanz ist nach § 266 HGB festgelegt. In Bezug auf Kapitalgesellschaften bestehen, abhängig von ihrer Größe, zusätzliche Vorgaben bezüglich der Ergänzung der Bilanz.

Grundsätzlich ist die Bilanz in **Kontenform** zu erstellen. Dabei werden die aktiven und passiven Bilanzposten in einem Konto nebeneinander aufgeführt. Auf der linken Seite, der Aktivseite, werden die Anlage- und Umlaufvermögensposten erfasst, die auch als Aktivkonten bezeichnet werden. Auf der rechten Seite, der Passivseite, werden Fremd- und Eigenkapitalposten notiert, die als Passivkonten bezeichnet werden.

Die grundsätzliche Struktur der Bilanz sieht wie folgt aus:

Aktiva	**Bilanz** **Passiva**
Anlagevermögen	Eigenkapital
Umlaufvermögen	Fremdkapital
Bilanzsumme	Bilanzsumme

2.3.1 Aktiva

Die linke Seite, auch als Aktiva bezeichnet, veranschaulicht die Zusammensetzung des Vermögens. Hier wird aufgezeigt, wie die zur Verfügung stehende Mittel im Unternehmen eingesetzt werden (Mittelverwendung). Die Reihenfolge der Posten auf der Aktivseite erfolgt grundsätzlich unter Berücksichtigung der Liquidität. Das bedeutet, dass sich die Posten, die weiter unten aufgeführt sind, schneller in liquides Geld umwandeln lassen können. Im Gegensatz dazu stehen die Sachanlagen oben als erste Position, da Grundstücke nicht schnell in liquides Geld umgewandelt werden können.

Zum Anlagevermögen zählen:

- immaterielle Vermögensgegenstände, wie gewerbliche Schutzrechte und Lizenzen,
- Sachanlagen, wie Gebäude und Maschinen, technische Anlagen, Betriebs- und Geschäftsausstattung,
- Finanzanlagen, wie Wertpapiere als langfristige Wertanlage

Zum Umlaufvermögen zählen:

- Vorräte, wie Roh-, Hilfs- und Betriebsstoffe,
- Forderungen und sonstige Vermögensgegenstände, wie Forderungen aus Lieferung und Leistung,
- Wertpapiere zur kurzfristigen Nutzungsabsicht,
- Liquide Mittel, wie Bankguthaben und Kassenbestand

Damit die Übertragung vom Inventar in die Bilanz übersichtlich und einfach erfolgt, wird das Inventar ebenfalls in dieser Reihenfolge der Posten aufgestellt.

2.3.2 Passiva

Auf der rechten Seite, auch als Passiva bezeichnet, erfolgt die Zusammenfassung des Kapitals. Diese Seite verdeutlicht, aus welchen Quellen die Mittel stammen, die dem Unternehmen zur Verfügung stehen. Sie zeigt auf, ob Vermögenswerte wie Maschinen durch Fremd- oder Eigenkapital finanziert werden. Das Eigenkapital repräsentiert das Kapital, das dem Unternehmen gehört, während das Fremdkapital das Kapital darstellt, das das Unternehmen von Externen zur Verfügung gestellt bekommt. In der Regel sind das Banken in Form von Krediten.

Die Art und Weise der Erfassung des **Eigenkapitals** variiert je nach Rechtsform. Während für Aktiengesellschaften die Vorschriften des § 266 HGB gelten, kann dieser Posten für andere Rechtsformen angepasst werden. Nehmen wir an, das Unternehmen ist eine offene Handelsgesellschaft (OHG); in diesem Fall wird der Posten Eigenkapital als einziger, ohne Unterteilung aufgeführt.

Das Eigenkapital muss nicht zwangsläufig positiv sein. Wenn das Vermögen geringer ist als die Schulden, resultiert ein negatives Eigenkapital. In solchen Fällen erscheint der Posten Eigenkapital auf der Aktivseite. Gemäß § 266 Absatz 3 HGB muss dies als »Nicht durch Eigenkapital gedeckte Fehlbetrag« ausgewiesen werden.

Die Rückstellungen, die im Gesetz aufgeführt werden, stellen eine spezielle Schuldenart dar (ungewisse Verbindlichkeiten) und werden der Einfachheit halber nicht näher erläutert. Das **Fremdkapital**, im Gesetz als Verbindlichkeiten bezeichnet, kann gegenüber Kreditinstituten, Lieferanten und anderen Unternehmen bestehen.

Die Reihenfolge der verschiedenen Posten erfolgt in Abhängigkeit von der Laufzeit des Kapitals. Das Eigenkapital, das am längsten genutzt werden kann, steht daher an erster Stelle. Langfristige Schulden erscheinen vor den kurzfristigen Schulden, da das Kapital dem Unternehmen länger zur Verfügung steht.

Die Bilanz von Herrn Bausig wurde auf Grundlage des Inventars (siehe Abschnitt 2.2) erstellt und sieht wie folgt aus:

Aktiva	**Bilanz der Bausig OHG zum 31.12.XX**		**Passiva**
I. Anlagevermögen		**I. Eigenkapital**	302.463,00
1. Grundstücke & Bauten	255.000,00	**II. Fremdkapital**	
2. TA und Maschinen	66.250,00	1. Langfristige Schulden	
3. Werkzeuge	13.650,00	Hypothekenschuld	102.000,00
4. Fuhrpark	68.500,00	Darlehensschuld	97.000,00
5. BGA	32.490,00	2. Kurzfristige Schulden	

II. Umlaufvermögen		Verbindlichkeiten a. L.L.	33.450,00
1. Rohstoffe	3.274,00		
2. Forderungen a. L.L.	17.520,00		
3. Kasse	3.650,00		
4. Bankguthaben	74.579,00		
Bilanzsumme	534.913,00	**Bilanzsumme**	534.913,00

Bei der Bausig OHG befinden sich im Anlagevermögen nur Sachanlagen. Vergleicht man die Bilanz von Herrn Bausig mit den gesetzlichen Bestimmungen in § 266 HGB fällt Folgendes auf: Er besitzt weder immaterielle Vermögensgegenstände noch Finanzanlagen. Dann tauchen sie auch nicht in seiner Bilanz auf. Dieses Prinzip wird bei der gesamten Bilanz verfolgt. Wenn die Posten im Unternehmen nicht vorhanden sind, werden sie auch nicht aufgeführt.

Die Werkzeuge sind für die Bausig OHG notwendig, um die Lagerhallen, Garagen und Holzhütten zu errichten. Von daher zählen sie zu den anderen Anlagen, die im Gesetz, § 266 HGB unter II Sachanlagen aufgeführt werden.

Der Fuhrpark beinhaltet alle Fahrzeuge, die die Bausig OHG nutzt. Sie könnten auch zur Betriebsausstattung zusammengefasst werden.

BGA ist die Abkürzung für Betriebs- und Geschäftsausstattung. Dazu zählen alle Güter, die für die Produktionsausstattung und Büroausstattung notwendig sind. Im Büro sind das Kopierer, Laptops, Schränke etc. Bei der Produktionsausstattung handelt es sich z. B. um Lagerbehälter, Modelle und auch die Kantineneinrichtung.

Den Punkt 3 und 4 im Umlaufvermögen kann man auch zu Liquide Mittel addieren und als einen Posten führen.

Da sich Herr Bausig für die Rechtsform der offenen Handelsgesellschaft entschieden hat, braucht das Eigenkapital nicht in die Posten Gezeichnetes Kapital, Kapitalrücklagen etc. unterteilt zu werden.

Die Bilanzsumme muss immer auf der Aktiv- und auf der Passivseite gleich sein. Sie dient als Kontrolle, ob man alles richtig gebucht hat und kein Flüchtigkeitsfehler passiert ist.

Herr Bausig fragt sich, warum die Bilanz erstellt werden muss und nicht ein Inventar ausreicht. Frau Petryzka, seine Mitarbeiterin in der Finanzbuchhaltung, erklärt, dass beispielsweise die Sparkasse bei Aufnahme des Darlehens die letzte Bilanz sehen wollte. Damit hat sie eine gute Übersicht über die finanzielle Lage des Unternehmens, ohne dass sie jedes Detail sehen muss, bei wem wir noch Forderungen oder Schulden haben. Eine Kapitalgesellschaft ist verpflichtet, ihre Bilanz zu veröffentlichen. Da wir eine OHG sind, brauchen wir das nicht zu machen, aber zur Rechtfertigung für Gläubiger ist sie nützlich.

Weiterhin wird sie beim Finanzamt eingereicht. Gesetzlich sind Unternehmen verpflichtet, Steuern auf ihre Gewinne zu zahlen. Die Bilanz liefert dem Finanzamt wichtige Informationen über die finanzielle Situation des Unternehmens und dient als Grundlage für die Berechnung der Einkommensteuer.

Für das Unternehmen selbst ist die Bilanz ebenfalls eine wichtige Darstellung für einen schnellen Überblick über Vermögen und Schulden.

Überprüfen Sie Ihr Wissen zu diesem Kapitel:

https://learningapps.org/watch?v=pqwt0fswk24

Kapitel 3

Werteveränderungen in der Bilanz

3.1 Geschäftsvorfälle ändern die Bilanz

In diesem Abschnitt erläutere ich die **erfolgsneutralen Buchungen.** Solche Werteveränderungen treten auf, wenn das Unternehmen beispielsweise einen Bagger verkauft und dafür Bargeld erhält. Infolgedessen ändert sich das Konto »Fuhrpark«, da es um den Verkaufspreis reduziert wird, während das Konto »Kasse« um denselben Betrag erhöht wird.

Es werden vier verschiedene Grundtypen erfolgsneutraler Geschäftsvorfälle unterschieden: Aktivtausch, Passivtausch, Bilanzverlängerung und Bilanzverkürzung. Im Folgenden werden diese Typen näher erläutert. Dabei wird noch nicht auf die konkrete Buchung im Grund- und Hauptbuch eingegangen; dies wird in Kapitel 4 »Buchen auf Bestandskonten« behandelt.

3.2 Aktivtausch

Ein Aktivtausch betrifft ausschließlich die Posten auf der Aktivseite der Bilanz. Dabei erhöht sich ein Aktivposten, während ein anderer Aktivposten entsprechend abnimmt. Die Gesamtsumme der Bilanz bleibt unverändert.

Im vorliegenden Geschäftsfall kauft Herr Bausig eine neue Maschine für 2.500,00 € und bezahlt mit seiner Bankkarte.

Zwei Fragen müssen jetzt beantwortet werden:

1. Welche Konten sind betroffen? (Es müssen mindestens zwei Konten betroffen sein.)
2. Nehmen die Konten an Wert zu oder ab?

Lösungen:

Konto	Zunahme	Abnahme
TA und Maschinen	2.500,00 €	
Bankguthaben		2.500,00 €

Durch den Kauf der Maschine erhöht sich der Wert des Maschinenparks, was das Konto »TA und Maschinen« um den Betrag von 2.500,00 € ansteigen lässt. Gleichzeitig verringert sich das Bankguthaben um den gleichen Betrag von 2.500,00 €, da Herr Bausig mit seiner Bankkarte bezahlt.

3.3 Passivtausch

Bei einem Passivtausch werden ausschließlich die Posten auf der Passivseite der Bilanz verändert: Ein Passivkonto erhöht sich, während sich ein anderer Passivposten reduziert. Dies geschieht, ohne dass sich die Bilanzsumme insgesamt verändert.

Im folgenden Geschäftsfall hat sich Herr Bausig dazu entschieden, eine bestehende Liefer-Verbindlichkeit in Höhe von 4.500,00 € in ein Darlehen umzuwandeln, da er momentan nicht in der Lage ist, den Betrag zu begleichen. Als Unternehmen hat er bisher die ausstehende Rechnung seines Lieferanten noch nicht beglichen, wodurch sich die Verbindlichkeiten gegenüber diesem Lieferanten ergeben. Durch die Umwandlung in ein Darlehen verändert sich die Art der Schuld, die jedoch innerhalb der Passivseite der Bilanz bestehen bleibt.

Zwei Fragen müssen beantwortet werden:

1. Welche Konten sind betroffen (Es müssen mindestens zwei Konten betroffen sein.)
2. Nehmen die Konten an Wert zu oder ab?

Lösungen:

Konto	Zunahme	Abnahme
Verbindlichkeiten aus Lieferung und Leistung		4.500,00 €
Darlehen	4.500,00 €	

In diesem Szenario sind die Konten »Verbindlichkeiten aus Lieferung und Leistung« und »Darlehen« von Bedeutung. Beide Konten befinden sich auf der Passivseite der Bilanz und fallen somit in die Kategorie der Passivkonten. Die »Verbindlichkeiten aus Lieferung und Leistung« reduzieren sich, da diese beglichen werden. Hingegen erhöht sich das Konto »Darlehen«, da Herr Bausig die ausstehende Lieferschuld nicht aus eigenen Mitteln begleicht, sondern stattdessen ein Darlehen in Höhe von 4.500,00 € aufnimmt.

Der Aktiv- und Passivtausch wird in diesem Video näher erläutert.

3.4 Bilanzverlängerung

Bei der Bilanzverlängerung sind immer mindestens ein Aktivkonto und mindestens ein Passivkonto betroffen. Aufgrund der Tatsache, dass die Bilanzsumme sowohl auf der Aktiv- als auch auf der Passivseite immer gleich sein muss, ergibt sich bei diesem Grundtyp eine gleichwertige Zunahme auf beiden Seiten.

Die Bilanzverlängerung betrifft die Gesamtsumme der Bilanz und beschreibt eine Verlängerung oder Mehrung derselben. Dieser Vorgang wird auch als Aktiv-Passiv-Mehrung bezeichnet.

In dem vorliegenden Fall erwirbt Herr Bausig Kieselsteine im Wert von 550,00 €, ohne unmittelbar zu bezahlen. Stattdessen erhält er eine Rechnung, was als »Zahlung auf Ziel« bezeichnet wird.

Zwei Fragen müssen beantwortet werden:

1. Welche Konten sind betroffen (Es müssen mindestens zwei Konten betroffen sein.)
2. Nehmen die Konten an Wert zu oder ab?

Lösungen:

Konto	Zunahme	Abnahme
Rohstoffe	550,00 €	
Verbindlichkeiten a. L.L.	550,00 €	

Die Kieselsteine stellen bei Herrn Bausig Rohstoffe dar, die zur Herstellung von Hauseinfahrten genutzt werden. Durch den Erwerb der Kieselsteine erhöht sich der Bestand dieses Rohstoffs in seinem Unternehmen. Da die Bezahlung nicht unmittelbar erfolgt und er stattdessen eine Rechnung erhält, entstehen kurzfristige Schulden bei seinem Lieferanten. Diese Schulden werden als »Verbindlichkeiten aus Lieferung und Leistung« bezeichnet und nehmen zu.

Angenommen, nach dieser Transaktion wird eine Bilanz erstellt, würde die Bilanzsumme um den Betrag von 550,00 € erhöht, folglich verlängert. Auf der Aktivseite, also der Vermögensseite, erhöht sich der Wert der Kieselsteine um 550,00 €, während auf der Passivseite Fremdkapital in Form von kurzfristigen Schulden von ebenfalls 550,00 € hinzukommt.

3.5 Bilanzverkürzung

Bei der Bilanzverkürzung werden, ähnlich wie bei der Bilanzverlängerung, mindestens ein Aktiv- und ein Passivkonto berührt. In diesem Fall führt die Verkürzung jedoch zur Verringerung der Bilanzsumme. Die Bilanzverkürzung wird auch als Aktiv-Passiv-Minderung bezeichnet.

Der vorliegende Geschäftsfall lautet wie folgt: Herr Bausig begleicht die Lieferantenrechnung von 550,00 € für die zuvor im letzten Monat erworbenen Kieselsteine. Die Bezahlung erfolgt mittels Banküberweisung.

Zwei Fragen müssen beantwortet werden:

1. Welche Konten sind betroffen (Es müssen mindestens zwei Konten betroffen sein.)
2. Nehmen die Konten an Wert zu oder ab?

Lösungen:

Konto	Zunahme	Abnahme
Verbindlichkeiten a. L. L.		550,00 €
Bankguthaben		550,00 €

Herr Bausig hat die Lieferantenrechnung bei Erwerb der Kieselsteine erhalten. Daher haben sich die Verbindlichkeiten aus Lieferung und Leistung, also die kurzfristigen Schulden, in diesem Moment um 550,00 € erhöht. Einen Monat später begleicht er seine Rechnung, wodurch sich die Verbindlichkeit um 550,00 € verringert. Die Schulden bei diesem Lieferanten sind dann beglichen. Die Bezahlung erfolgt per Banküberweisung, wodurch sein Bankguthaben um 550,00 € reduziert wird.

Die Bilanzverlängerung und -verkürzung wird in diesem Video anhand von weiteren Beispielen erklärt:

Wenn die Bilanzsumme unverändert bleibt, handelt es sich um einen Aktiv- oder Passivtausch. Dagegen hat eine Bilanzverlängerung oder -verkürzung immer eine Veränderung der Bilanzsumme zu Folge.

Bei den Bilanzveränderungen ist zu beachten, dass die Geschäftsvorfälle nicht unmittelbar die Bilanzsumme ändern, da eine neue Bilanz nicht nach jedem Geschäftsfall erstellt wird. Stattdessen geschieht dies lediglich zu Beginn und am Ende des Geschäftsjahrs. Daher dient diese Bezeichnung vielmehr als Gedankenstütze und sollte nicht wortwörtlich interpretiert werden.

Sobald Sie diese Grundtypen verstanden haben, sind Sie nur noch einen kleinen Schritt davon entfernt, die Buchung in das Grund- und Hauptbuch durchzuführen. Dies wird in Kapitel 4 »Buchen auf Bestandskonten« näher erläutert.

Überprüfen Sie Ihr Wissen zu diesem Kapitel:

`https://learningapps.org/watch?v=pgr20fcgt24`

Kapitel 4

Buchen auf Bestandskonten

4.1 Belege und die damit verbundenen Geschäftsvorfälle

Eine der fundamentalsten Regeln in der Buchhaltung lautet: **Keine Buchung ohne Belege!** Belege sind die Ausgangspunkte für die Buchführung und dienen als Grundlage für sämtliche Aktivitäten im Rechnungswesen, wie die Eintragungen im Grund- und Hauptbuch.

Belege sind Rechnungen, Quittungen, Kassenbons, Lieferscheine, Bankauszüge, Verträge und Vereinbarungen sowie Lohnabrechnungen.

In diesem Abschnitt werden aus zwei Rechnungen die Geschäftsfälle abgeleitet.

FROSTWIRTSCHAFT LANDE
DER NATUR ZULIEBE

BAUSIG OHG
Waldweg 126
45632 Bausig-Land

RECHNUNGS-NR. 013/345

BESCHREIBUNG	M³	PREIS	SUMME
FICHTENHOLZ	35	55 €	1.925,00 €
ABZÜGLICH 5% RABATT			96,25 €

BETRAG	1.828,75 €
STEUER	347,46 €
BETRAG	2.176,21 €

ZAHLUNGSINFORMATION
Kontoinhaber: Michael Maier
IBAN: DE41500105170123456789

Rechnungsausgleich innerhalb von 8 Tagen mit 2 % Skonto.

FORSTWEG 258, 58134 MUSTERSTADT

Dieser Beleg umfasst eine Rechnung, adressiert an die Bausig OHG. Für die Bausig OHG handelt es sich um eine Eingangsrechnung. Das Unternehmen hat Fichtenholz erworben, welches als Rohstoffe für das Bauunternehmen dient. Der Bruttopreis beträgt 2.176,21 €. Die Rechnung weist außerdem eine Umsatzsteuer in Höhe von 347.46 € aus, während der Nettobetrag sich auf 1.828,75 € beläuft. Falls die Rechnung innerhalb von 8 Tagen beglichen wird, gewährt der Lieferant »Forstwirtschaft Lande« einen Skontoabzug von 2%. Bei rechtzeitiger Zahlung müsste die Bausig OHG 2.132,69 € an die Forstwirtschaft Lande überweisen.

Der Geschäftsfall zu diesem Beleg lautet:

Kauf von Rohstoffen auf Ziel, brutto 2.176,21 €.

Hinweis

»Auf Ziel« bedeutet, dass nicht sofort bezahlt wird, sondern das Unternehmen eine Rechnung für den Einkauf erhält und zu einem späteren Zeitpunkt die Rechnung bezahlt.

BAUSIG OHG

RECHNUNG

NUMMER RN-124-5892

IHR BAUUNTERNEHMER

JAN MALER
Malerweg 123
67543 Malerstadt

BESCHREIBUNG	ST.	PREIS	SUMME
Blockhaus Bausig exklusiv mit Schlafzimmer und Schlafboden	1	27.150,00 €	27.150,00 €
		SUMME	**27.150,00 €**
		19 % UST	**5.158,50 €**
		BETRAG	32.308,50 €

ZAHLUNGSINFORMATION
Name: Bausig OHG
IBAN: DE41500100170185456963

Rechnungsausgleich innerhalb von 10 Tagen mit 1 % Skonto

Waldweg 126
45632 Bausig-Land

www.mitbausigbauen.de

(0221) 1112-22
info@bausig.de

Der zweite Beleg ist erneut eine Rechnung, diesmal jedoch ausgestellt von der Bausig OHG an Jan Maler. Herr Maler hat von der Bausig OHG ein Blockhaus im Wert von brutto 32.308,50 € gekauft. Der Nettobetrag beträgt 27.150 €, und es wurde eine Umsatzsteuer in Höhe von 5.158,50 € entrichtet. Die Bausig OHG gewährt auch hier einen Skontoabzug von einem Prozent, sofern die Rechnung innerhalb von 10 Tagen beglichen wird. Jan Maler hat die Wahl, ob er mit oder ohne Skonto bezahlen möchte.

Der Geschäftsfall zu diesem Beleg lautet:

Verkauf eines Blockhauses auf Ziel, brutto 32.308,50 €.

Die Umsatzsteuer steht auf jeder umsatzsteuerpflichtigen Rechnung. Damit zunächst die Systematik der Buchung im Grund- und Hauptbuch verstanden werden kann, wird in den folgenden Kapiteln die Umsatzsteuer nicht berücksichtigt. Im Kapitel 7 wird sie detailliert erläutert und in der Buchung dargestellt.

4.2 Vom Geschäftsfall zum Buchungssatz

Das System der doppelten Buchführung, das im Detail im Abschnitt 1.4 und Abschnitt 1.2 erläutert wird, verlangt, dass jeder Geschäftsfall auf mindestens zwei Konten gebucht wird. Die Verbuchung eines jeden Geschäftsvorfalls erfolgt in einer festen Form, die als Buchungssatz bekannt ist. Diese Buchungssätze werden im Grundbuch festgehalten, wie im Abschnitt 1.4 beschrieben. Ein einfacher Buchungssatz besteht aus der Veränderung eines Kontos auf der Sollseite und eines Kontos auf der Habenseite.

In der Buchhaltung ist es allgemein anerkannt, dass zuerst die Sollbuchung und dann die Habenbuchung aufgeführt wird, wobei der Betrag auf der Sollseite immer dem Betrag auf der Habenseite entspricht.

Um einen Buchungssatz korrekt aufzustellen, sind stets vier Fragen zu beantworten, die in der Buchhaltung als die 4-Schritt-Methode bekannt sind.

Die 4 Fragen lauten:

1. Welche Konten werden benötigt?
2. Um welche Art von Konten handelt es sich?
3. Welche Veränderungen finden statt?
4. Auf welcher Seite werden diese Veränderungen gebucht?

Die kurze Regel eines Buchungssatzes lautet: Soll an Haben.

Es ist wichtig zu beachten, dass das Wort »an« im Buchungssatz lediglich ein Verbindungswort ist und keine weitere Bedeutung hat. Es steht nicht für »Mehr an Weniger« oder umgekehrt. Ebenso haben die Begriffe »Soll« und »Haben« in der Buchhaltung nicht die gleiche Bedeutung wie in einem Girokonto, wo sie für Minus und Plus stehen. In der Buchhaltung bedeuten sie lediglich:

Soll = links

Haben = rechts

Um die **erste Frage** der 4-Schritt-Methode richtig zu beantworten, müssen die Bilanzpositionen bekannt sein, wie sie in Abschnitt 2.3 beschrieben und in § 266 HGB aufgeführt werden. Jeder Geschäftsfall betrifft mindestens zwei dieser Konten.

Für die **zweite Frage** muss bekannt sein, welche Kontenarten es gibt. In diesem Kapitel werden die Bestandskonten als Aktivkonten und Passivkonten erklärt. Im fünften Kapitel werden die Erfolgskonten als Aufwands- und Ertragskonten erläutert. Diese vier Kontenarten existieren in der Buchhaltung.

Die Antwort auf die **dritte Frage** kann aus dem Geschäftsfall abgeleitet werden. Wenn ein Unternehmen ein Auto verkauft, verringert sich sein Fuhrpark, und im Falle einer Barzahlung verringert sich der Kassenbestand. Die Überlegung hierbei lautet, ob es sich um eine Zunahme bzw. einen Zugang oder eine Abnahme bzw. einen Abgang handelt.

Um die **vierte Frage** richtig zu beantworten, muss die Struktur der Bilanz verstanden werden, wie in Abschnitt 1.3 beschrieben. Zur Erinnerung: Die Grundstruktur der Bilanz sieht wie folgt aus:

Aktiva	**Bilanz**	**Passiva**
Anlagevermögen	Eigenkapital	
Umlaufvermögen	Fremdkapital	
Bilanzsumme	Bilanzsumme	

Für jede Bilanzposition wird im Hauptbuch ein eigenes Konto eröffnet, was als Auflösung der Bilanz in Bestandskonten bezeichnet wird.

S	Rohstoffe	H
AB		Abgänge
Zugänge		SB

S	Bank	H
AB		Abgänge
Zugänge		SB

Die Konten Rohstoffe und Bank sind beides **Aktivkonten**, da sie in der Bilanz auf der Aktivseite stehen. Diese Konten nehmen im Soll zu und im Haben ab.

Aktivkonten nehmen im SOLL zu und im HABEN ab.

S	Verbindlichkeiten	H
Abgänge		AB
SB		Zugänge

S	Eigenkapital	H
Abgänge		AB
SB		Zugänge

Die Konten Verbindlichkeiten und Eigenkapital sind **Passivkonten**, da sie in der Bilanz auf der Passivseite stehen. Sie nehmen im Haben zu und im Soll ab.

Passivkonten nehmen im HABEN zu und im SOLL ab.

4.2.1 Der einfache Buchungssatz

Der einfache Buchungssatz besteht aus zwei Konten.

Betrachten wir einen konkreten Geschäftsfall: Ein Unternehmen erwirbt am 2. Mai zwei Schreibtische im Wert von 400 € und bezahlt diesen Betrag per Banküberweisung.

Frage 1: Welche Konten werden benötigt?

Antwort: Schreibtische gehören zur **Betriebs- und Geschäftsausstattung**, abgekürzt als BGA und die Banküberweisung wird auf dem **Bankkonto** verbucht. (Hier ist das Bankkonto in der Buchhaltung gemeint und nicht das Girokonto.)

Frage 2: Um welche Art von Konten handelt es sich?

Antwort: Sowohl das Konto »Betriebs- und Geschäftsausstattung (BGA)« als auch das Konto »Bank« befinden sich auf der Aktivseite der Bilanz. Daher handelt es sich bei beiden Konten um **Aktivkonten**.

Frage 3: Welche Veränderungen finden statt?

Antwort: Das Unternehmen hat Schreibtische erworben, was bedeutet, dass der Bestand an Betriebs- und Geschäftsausstattung gestiegen ist. Das Konto »BGA« nimmt also im Wert von 400 € zu (Soll). Gleichzeitig hat das Unternehmen per Banküberweisung bezahlt, wodurch das Bankkonto um 400 € abnimmt. Das Konto »Bank« verringert sich (Haben).

Frage 4: Auf welcher Seite werden diese Veränderungen gebucht?

Antwort: Das Konto »Betriebs- und Geschäftsausstattung« (BGA) ist ein Aktivkonto. Aktivkonten nehmen im Soll zu. Daher wird der Betrag im Soll auf das Konto »BGA« gebucht. Das Konto »Bank« ist ebenfalls ein Aktivkonto und Aktivkonten nehmen im Haben ab. Daher wird der Betrag im Haben auf das Konto »Bank« gebucht.

Der Buchungssatz lautet somit: **BGA an Bank 400 €**

Anmerkung: Für die klare Veranschaulichung der Buchungssatz-Systematik wird die Umsatzsteuer vorerst nicht berücksichtigt.

Ein weiterer Geschäftsfall: Das Unternehmen nimmt am 16. Juni einen Kredit in Höhe von 5.000 € auf und dieser Betrag wird auf seinem Bankkonto gut geschrieben.

Frage 1: Welche Konten werden benötigt?

Antwort: Die Aufnahme eines Kredites wird als Aufnahme von Fremdkapital bezeichnet und wird dem Konto »**Darlehen**« zugeordnet. Der Betrag wird dem Bankkonto gutgeschrieben. Daher wird das Konto »**Bank**« benötigt.

Frage 2: Um welche Art von Konten handelt es sich?

Antwort: Das Konto »Darlehen« befindet sich auf der Passivseite der Bilanz, wodurch es sich um ein **Passivkonto** handelt. Das Konto »Bank« ist auf der Aktivseite angesiedelt und ist somit ein **Aktivkonto**.

Frage 3: Welche Veränderungen finden statt?

Antwort: Das Unternehmen nimmt den Kredit auf, was zu einer Zunahme der Schulden führt. Das Konto »Darlehen« nimmt zu. Gleichzeitig wird der Betrag auf das Bankkonto überwiesen, wodurch das Bankkonto ebenfalls zunimmt.

Frage 4: Auf welcher Seite werden diese Veränderungen gebucht?

Antwort: Das Passivkonto »Darlehen« nimmt im Haben zu, während das Aktivkonto »Bank« im Soll zunimmt.

Der Buchungssatz lautet demnach: **Bank an Darlehen 5.000 €**.

Im **Grundbuch** (siehe Abschnitt 1.4) müssten die beiden Geschäftsfälle wie folgt eingetragen werden:

Datum	Belegnummer	Buchungstext	Soll	Haben
02.05.		BGA	400,00	
		an Bank		400,00
15.06.		Bank	5.000,00	
		an Darlehen		5.000,00

Die Belege werden nummeriert und dann im Grundbuch in der Spalte »Belegnummer« eingetragen, um schnell den passenden Beleg zum Buchungssaz wiederzufinden. Gemäß § 147 der Abgabenordnung (AO) müssen Belege generell mindestens zehn Jahre lang geordnet aufbewahrt werden. Die aktuell geltenden Aufbewahrungsfristen können beim Finanzamt oder Steuerbüro erfragt werden.

Diese Dokumentation und Ordnung sind entscheidend, um die Buchführung korrekt zu gestalten und im Falle von Prüfungen oder Nachfragen alle erforderlichen Informationen zur Verfügung zu haben.

4.2.2 Der zusammengesetzte Buchungssatz

Geschäftsvorfälle, die mehr als zwei Konten betreffen, nennt man zusammengesetzte Buchungssätze.

Herr Bausig kauft Fichtenholz im Wert von 14.000,00 €. Die Bezahlung erfolgt teilweise bar: 4.000,00 €. Der Rest erfolgt per Banküberweisung.

Frage 1: Welche Konten werden benötigt?

Antwort: Herr Bausig produziert Holzhütten, wobei Fichtenholz als »**Rohstoffe**« dient. Die Barbezahlung bedeutet, dass das Konto »**Kasse** « angesprochen ist. Der restliche Betrag von 10.000,00 € wird über das Konto »**Bank**« beglichen.

Frage 2: Um welche Art von Konten handelt es sich?

Antwort: Rohstoffe, Kasse und Bank sind auf der Aktivseite der Bilanz zu finden. Daher handelt es sich um **Aktivkonten**.

Frage 3: Welche Veränderungen finden statt?

Antwort: Aufgrund des Kaufs nimmt der Bestand an Fichtenholz (Rohstoffe) zu. Die Bezahlung bedeutet, dass die Konten Kasse und Bank abnehmen.

Frage 4: Auf welcher Seite werden diese Veränderungen gebucht?

Antwort: Rohstoffe werden im Soll gebucht, während Kasse und Bank im Haben gebucht werden. Aktivkonten nehmen im Soll zu und im Haben ab.

Der Buchungssatz lautet:

Datum	Belegnummer	Buchungstext	Soll	Haben
x.x.		Rohstoffe	14.000,00	
		an Kasse		4.000,00
		an Bank		10.000,00

Wenn die Eintragung ins Grundbuch abgeschlossen ist, erfolgt die Buchung in sachlich geordnete Konten im Hauptbuch. Die Buchungssätze im Grundbuch bereiten die Buchung im Hauptbuch vor.

In diesem Video wird die Systematik des Buchungssatzes erneut erklärt und anhand konkreter Beispiele verdeutlicht:

4.3 Vom Grund- zum Hauptbuch

Nachdem ein Buchungssatz im Grundbuch erstellt wurde, wird er im Hauptbuch übertragen (siehe Abschnitt 1.4). Dies erfordert sorgfältige Vorbereitung. Die Ausgangslage für das Hauptbuch bildet stets die Bilanz (siehe Abschnitt 2.3). Jeder Bilanzposten wird in seinem eigenen T-Konto erfasst (siehe Abschnitt 1.4).

Um sich zu merken, auf welcher Seite der Anfangsbestand für jedes Konto eingetragen wird, stehen zwei Merkhilfen zur Verfügung.

Erstens, anhand der Buchungssätze wird die Bedeutung des Eröffnungsbilanzkontos deutlich. Dieses Konto spiegelt die Bilanz wider und ermöglicht die systematische Buchung im Soll und Haben. Aus dem Eröffnungsbilanzkonto ergibt sich, dass alle Aktivkonten ihren Anfangsbestand im Soll haben, während alle Passivkonten ihren Anfangsbestand im Haben haben.

Zweitens, man kann sich vorstellen, dass die Bilanz als Ausgangslage dient. Alle Aktivkonten stehen links auf der Aktivseite, daher werden die Anfangsbestände ebenfalls auf der Sollseite eingetragen. Bei den Passivkonten ist es umgekehrt: sie stehen rechts in der Bilanz. Daher werden die Anfangsbestände der Passivkonten in den T-Konten ebenfalls rechts verzeichnet.

Das Eröffnungsbilanzkonto und die Eröffnungsbuchungssätze tragen zur Klarheit und Ordnungsmäßigkeit bei. In schnelleren Arbeitsabläufen können sie jedoch auch weggelassen werden.

4.3.1 Eröffnung der Bestandskonten

Für diese Erklärung nehmen wir die Bilanz der Bausig OHG als Grundlage. Herr Bausig, der Gründer und Eigentümer der Bausig OHG, hat beschlossen, einen besseren Überblick über die wirtschaftliche Lage seines Unternehmen zu erhalten. Regelmäßig trifft er sich mit seiner Finanzbuchhaltungsexpertin Frau Petryzka, um die Buchhaltung Schritt für Schritt zu erlernen. Bei diesem Treffen steht die Eröffnung der Bestandskonten im Fokus. Herr Bausig ist bereits vertraut mit dem Erscheinungsbild einer Bilanz und versteht ebenfalls die Systematik der Buchungssätze.

Die aktuelle Bilanz der Bausig OHG zum 31.12.XX sieht wie folgt aus:

Aktiva	**Bilanz der Bausig OHG zum 31.12.XX**		**Passiva**
I. Anlagevermögen		**I. Eigenkapital**	302.463,00
1. Grundstücke & Bauten	255.000,00	**II. Fremdkapital**	
2. TA und Maschinen	66.250,00	1. Langfristige Schulden	
3. Werkzeuge	13.650,00	Hypothekenschuld	102.000,00
4. Fuhrpark	68.500,00	Darlehensschuld	97.000,00
5. BGA	32.490,00	2. Kurzfristige Schulden	
II. Umlaufvermögen		Verbindlichkeiten a. L.L.	33.450,00
1. Rohstoffe	3.274,00		
2. Forderungen a. L.L.	17.520,00		
3. Kasse	3.650,00		
4. Bankguthaben	74.579,00		
Bilanzsumme	534.913,00	**Bilanzsumme**	534.913,00

Die Eröffnungsbilanzbuchungen folgen der Systematik zur Bildung von Buchungssätzen. Dazu benötigt man ein Eröffnungsbilanzkonto. Die Bilanz wird einfach umgedreht: Die Aktivseite wird auf die Habenseite übertragen und die Passivseite wird auf die Sollseite übertragen. Obwohl dieser Schritt oft aus Gründen der Einfachheit übergangen wird, ist er entscheidend für die korrekte Erstellung der Eröffnungsbuchungssätze, damit die Systematik der zwei Konten beibehalten werden kann.

Die Eröffnungsbuchungssätze lauten:

Datum	Belegnummer	Buchungstext	Soll	Haben
1.1.xx		Grundstücke und Bauten	255.000,00	
		an EBK		255.000,00
1.1.xx		TA und Maschinen	66.250,00	
		an EBK		66.250,00
1.1.xx		Werkzeuge	13.650,00	
		an EBK		13.650,00
1.1.xx		Fuhrpark	68.500,00	
		an EBK		68.500,00
1.1.xx		BGA	32.490,00	
		an EBK		32.490,00
1.1.xx		Rohstoffe	3.274,00	
		an EBK		3.274,00
1.1.xx		Forderungen a. L.L.	17.520,00	
		an EBK		17.520,00
1.1.xx		Kasse	3.650,00	
		an EBK		3.650,00
1.1.xx		Bankguthaben	74.579,00	
		an EBK		74.579,00
1.1.xx		EBK	302.463,00	
		an Eigenkapital		302.463,00
1.1.xx		EBK	102.000,00	
		an Hypothekenschuld		102.000,00
1.1.xx		EBK	97.000,00	
		an Darlehensschuld		97.000,00
1.1.xx		EBK	33.450,00	
		an Verbindlichkeiten a. L.L.		33.450,00

Das Eröffnungsbilanzkonto (EBK) sieht dann folgendermaßen aus:

Soll		**Eröffnungsbilanzkonto (EBK)**	**Haben**
I. Eigenkapital	**302.463,00**	**I. Anlagevermögen**	
II. Fremdkapital		1. Grundstücke & Bauten	255.000,00
1. Langfristige Schulden		2. TA und Maschinen	66.250,00
Hypothekenschuld	102.000,00	3. Werkzeuge	13.650,00
Darlehensschuld	97.000,00	4. Fuhrpark	68.500,00
2. Kurzfristige Schulden		5. BGA	32.490,00
Verbindlichkeiten a. L.L.	33.450,00	**II. Umlaufvermögen**	
		1. Rohstoffe	3.274,00
		2. Forderungen a. L.L.	17.520,00
		3. Kasse	3.650,00
		4. Bankguthaben	74.579,00
Bilanzsumme	534.913,00	**Bilanzsumme**	534.913,00

In Unternehmen erfolgt die Buchung im Hauptbuch oft in Staffelform. Hier wird diese am Beispiel des Kassenkontos kurz skizziert:

Datum	Vorgang	Betrag	
		Einzahlung	Auszahlung
1.1.	Anfangsbestand	3.650,00	

Für jedes Konto wird eine eigene Tabelle erstellt, um eine sachgerechte Buchung zu gewährleisten. Im Gegensatz dazu werden im Grundbuch alle Geschäftsfälle chronologisch aufgezeichnet und nicht noch sachgerecht getrennt.

Um das Grundprinzip »Soll an Haben« zu verdeutlichen, werden die Buchungen in T-Konten dargestellt. Die einzige Abweichung besteht in der Darstellungsform. In den T-Konten wird das Prinzip »Soll an Haben« klarer und anschaulicher erklärt.

Bei der Eröffnung der Bestandskonten wird für jeden Bilanzposten ein separates Konto erstellt, und der Anfangsbestand wird auf die entsprechende Seite übertragen. Dies wird im Folgenden veranschaulicht:

S Grundst. & Bauten	H
AB 255.000	

S TA & Masch.	H
AB 66.250	

S Werkzeuge	H
AB 13.650	

S Fuhrpark	H
AB 68.500	

S BGA	H
AB 32.490	

S Rohstoffe	H
AB 3.274	

S Forderungen a. L.L.	H
AB 17.520	

S Kasse	H
AB 3.650	

S Bankguthaben	H
AB 74.579	

S Eigenkapital	H
	AB 302.463

S Hypothekenschuld	H
	AB 102.000

S Darlehenssch.	H
	AB 97.000

S Verbindlichk.a. L.L.	H
	AB 33.450

4.3.2 Buchen auf Bestandskonten im Hauptbuch

Zum Abschluss eines Geschäftsjahres ist es erforderlich, eine Abschlussbilanz zu erstellen. Dieser Prozess umfasst das Abschließen der Buchhaltungskonten sowie die darauf aufbauende Erstellung einer Schlussbilanz und eines Gewinn- und Verlustkontos. Gemäß den Prinzipien ordnungsgemäßer Buchführung ist die Schlussbilanz immer gleich der Eröffnungsbilanz (siehe 4.3.1 Eröffnung der Bestandskonten). Die Entstehung und Struktur des Gewinn- und Verlustkontos werden in Kapitel 5 »Buchen auf Erfolgskonten« ausführlich erläutert. Die Grundlage für die Eröffnung der einzelnen Bestandskonten bildet die Eröffnungsbilanz bzw. das Eröffnungsbilanzkonto. Zu diesem Zeitpunkt ist die Buchhaltung bereit, die laufenden Geschäftsvorfälle korrekt zu erfassen.

Jeder Geschäftsfall wird zeitnah sowohl im Grundbuch in Form eines Buchungssatzes als auch im Hauptbuch in den entsprechenden Sachkonten erfasst. Im Folgenden wird dies anhand von zehn bereits im Grundbuch erfassten Geschäftsfällen illustriert.

Datum	Belegnummer	Buchungstext	Soll	Haben
02.05.		BGA	400,00	
		an Bank		400,00
15.06.		Bank	5.000,00	
		an Darlehen		5.000,00
17.06.		Bank	2.550,00	
		an TA & Maschinen		2.550,00
07.08.		Bank	2.520,00	
		an Forderungen a. L.L.		2.520,00
17.08.		Werkzeuge	990,00	
		an Bank		990,00
02.09.		Fuhrpark	15.000,00	
		an Bank		13.000,00
		an Kasse		2.000,00
06.10.		Bank	25.000,00	
		an Grundstücke u. Bauten		25.000,00
15.10.		Darlehen	15.000,00	
		an Bank		15.000,00
18.11.		Rohstoffe	1.450,00	
		an Verbindlichkeiten a. L.L.		1.450,00
06.12.		Kasse	650,00	
		an Bank		650,00

Beim Einkauf von Rohstoffen oder Werkzeugen fällt normalerweise Umsatzsteuer an. Die Buchung der Umsatzsteuer wird in Kapitel 7 »Die Berechnung und Buchung der Umsatzsteuer« erläutert. Daher wird die Komplexität zunächst reduziert, indem die Umsatzsteuer vorerst ausgelassen wird.

Die Geschäftsfälle zu den einzelnen Buchungssätzen sind im Anhang A verfügbar.

Nach Erfassung der Geschäftsfälle im Grundbuch erfolgt nun die Buchung im Hauptbuch.

S Grundst. & Bauten	H
AB 255.000	6.10. 25.000

S TA & Masch.	H
AB 66.250	17.6. 2.550

S Werkzeuge	H
AB 13.650	
17.8. 990	

S Fuhrpark	H
AB 68.500	
2.9. 15.000	

S BGA	H
AB 32.490	
2.5. 400	

S Rohstoffe	H
AB 3.274	
18.11. 1.450	

S Forderungen a. L.L.	H
AB 17.520	7.8. 2.520

S Kasse	H
AB 3.650	2.9. 2.000
6.12. 650	

S Bankguthaben	H
AB 74.579	2.5. 400
15.6. 5.000	17.8. 990
17.6. 2.550	2.9. 13.000
7.8 2.520	15.10. 15.000
6.10. 25.000	6.12. 650

S Eigenkapital	H
	AB 302.463

S	Hypothekenschuld	H
	AB 102.000	

S	Darlehenssch.	H
15.10. 15.000	AB 97.000	
	15.6. 5.000	

S	Verbindlichk.a. L.L.	H
	AB 33.450	
	18.11. 1.450	

Die zehn Buchungssätze aus dem Grundbuch sind nun ins Hauptbuch eingetragen. Da der Buchungssatz nach dem Prinzip »Soll an Haben« aufgebaut ist, wird dieses Prinzip im Hauptbuch entsprechend beibehalten. Die einzelnen Buchungssätze werden den genannten Konten sowohl im Soll als auch im Haben zugeordnet. Dabei muss die Summe der Soll-Seite immer gleich der Summe der Haben-Seite sein, um sicherzustellen, dass die Buchhaltung im Gleichgewicht ist und ordnungsgemäß erfasst wurde.

Die gewählte Darstellungsform im Hauptbuch ist übersichtlich und kompakt. Es gibt verschiedene Möglichkeiten, die Geschäftsfälle im Hauptbuch zu erfassen. Anstelle des Datums könnte auch eine Nummerierung von eins bis zehn verwendet werden. Im Grundbuch würde dann ebenfalls eine entsprechende Nummerierung erfolgen, um eine einfache Zuordnung zu gewährleisten. Bei den Konten »Forderung aus L.L.« und dem Kassenkonto würde dies wie folgt aussehen:

S	Forderungen a. L.L.	H
AB 17.520	4. 2.520	

S	Kasse	H
AB 3.650	6. 2.000	
10. 650		

Die Nummerierung erfolgt in der Reihenfolge der Chronologie im Grundbuch.

Zusätzlich ist es hilfreich, auf den einzelnen Konten die entsprechenden Gegenkonten anzugeben. Dies erleichtert das Auffinden der entsprechenden Gegenbuchung erheblich, da Sie nicht im Grundbuch nach dem passenden Gegenkonto suchen müssen.

S		Forderungen a. L.L.	H
AB	15.520,00	7.8. **Bank**	2.520,00

Bei den Softwareprogrammen erfolgt die Buchung im Hauptbuch sowie die Nennung des Gegenkontos automatisch. Je größer ein Unternehmen, desto komplexer ist die Buchführung. Das Nennen des Gegenkontos kann dabei helfen, Buchungen schnell wiederzufinden. Allerdings kann dies bei der Erläuterung der Buchführungssystematik zu Verwirrungen führen.

In der Realität sind die Unternehmen weitaus aktiver als die hier aufgeführten zehn Geschäftsfälle. Dadurch wird deutlich, wie kompliziert die Buchhaltung werden kann. Sollte ein Fehler auftreten, gestaltet sich die Fehlerfindung schwierig.

4.3.3 Abschluss der Bestandskonten

Beim Abschluss der Bestandskonten ist es essenziell, jedes T-Konten ins Gleichgewicht zu bringen. Das bedeutet, für jedes T-Konto wird ein Saldo ermittelt, der den abschließenden Bestand für die Bilanz repräsentiert. Deshalb nennt man ihn auch Schlussbestand.

Die Berechnung des Schlussbestandes folgt einem klaren Muster. Der Anfangsbestand wird um die Zugänge erhöht und um die Abgänge verringert. Dieser Schritt ist entscheidend, um die finanzielle Situation eines Unternehmens zum Ende eines bestimmten Zeitraums zu verstehen.

S Aktivkonten	H
Anfangsbes	- Abgänge
+ Zugänge	= Schlussbest.

S Passivkonten	H
- Abgänge	Anfangsbest.
= Schlussbest.	+ Zugänge

Kurz: Anfangsbestand + Zugänge – Abgänge = Schlussbestand

Bei dem Geschäftsjahr von Herrn Bausig sieht der Abschluss wie folgt aus:

S Grundst. & Bauten	H
AB 255.000	6.10. 25.000
	SB 230.000
255.000	255.000

S TA & Masch.	H
AB 66.250	17.6. 2.550
	SB 63.700
66.250	66.250

S Werkzeuge	H
AB 13.650	SB 14.640
17.8. 990	
14.640	14.640

S Fuhrpark	H
AB 68.500	SB 83.500
2.9. 15.000	
83.500	83.500

S	BGA		H
AB	32.490	SB	32.890
2.5.	400		
	32.890		32.890

S	Rohstoffe		H
AB	3.274	SB	4.724
18.11.	1.450		
	4.724		4.724

S	Forderungen a. L.L.		H
AB	17.520	7.8.	2.520
		SB	15.000
	17.520		17.520

S	Kasse		H
AB	3.650	2.9.	2.000
6.12.	650	SB	2.300
	4.300		4.300

S	Bankguthaben		H
AB	74.579	2.5.	400
15.6.	5.000	17.8.	990
17.6.	2.550	2.9.	13.000
7.8	2.520	15.10.	15.000
6.10.	25.000	6.12.	650
		SB	79.609
	109.649		109.649

S	Eigenkapital		H
SB	302.463	AB	302.463
	302.463		302.463

S	Hypothekenschuld		H
SB	102.000	AB	102.000
	102.000		102.000

S	Darlehenssch.		H
15.10.	15.000	AB	97.000
SB	87.000	15.6.	5.000
	102.000		102.000

S	Verbindlichk.a. L.L.		H
SB	34.900	AB	33.450
		18.11.	1.450
	34.900		34.900

Am Ende des Geschäftsjahres ist es erforderlich, eine Schlussbilanz zu erstellen. Diese Schlussbilanz basiert auf den Endbeständen der einzelnen Konten. Zunächst werden für den Abschluss die Abschlussbuchungssätze erstellt. Damit auch hier wieder die zwei Konten-Systematik gewahrt werden kann, wird ein Schlussbilanzkonto erstellt. Zum Abschluss entsteht dann die Bilanz zum Ende des Geschäftsjahres.

Datum	Belegnummer	Buchungstext	Soll	Haben
31.12.xx		SBK	230.000,00	
		an Grundstücke und Bauten		230.000,00
		SBK	63.700,00	
		an TA und Maschinen		63.700,00
		SBK	14.640,00	
		an Werkzeuge		14.640,00
		SBK	83.500,00	
		an Fuhrpark		83.500,00
		SBK	32.890,00	
		an BGA		32.890,00
		SBK	4.724,00	
		an Rohstoffe		4.724,00
		SBK	15.000,00	
		an Forderungen a. L.L.		15.000,00
		SBK	2.300,00	
		an Kasse		2.300,00
		SBK	79.609,00	
		an Bankguthaben		79.609,00
		Eigenkapital	302.463,00	
		an SBK		302.463,00
		Hypothekenschuld	102.000,00	
		an SBK		102.000,00
		Darlehensschuld	87.000,00	
		an SBK		87.000,00
		Verbindlichkeiten a. L.L.	34.900,00	
		an SBK		34.900,00

Das Schlussbilanzkonto am Ende des Geschäftsjahres sieht von der Bausig OHG wie folgt aus:

Soll	**Schlussbilanzkonto 31.12.XX**		**Haben**
I. Anlagevermögen		**I. Eigenkapital**	302.463,00
1. Grundstücke & Bauten	230.000,00	**II. Fremdkapital**	
2. TA und Maschinen	63.700,00	1. Langfristige Schulden	
3. Werkzeuge	14.640,00	Hypothekenschuld	102.000,00
4. Fuhrpark	83.500,00	Darlehensschuld	87.000,00
5. BGA	32.890,00	2. Kurzfristige Schulden	
II. Umlaufvermögen		Verbindlichkeiten a. L.L.	34.900,00
1. Rohstoffe	4.724,00		
2. Forderungen a. L.L.	15.000,00		
3. Kasse	2.300,00		
4. Bankguthaben	79.609,00		
Bilanzsumme	526.363,00	**Bilanzsumme**	526.363,00

Aus dem Schlussbilanzkonto wird nun die Bilanz erstellt. Es ändert sich lediglich der Titel und Soll ist nun die Aktiva-Seite und Haben die Passiva.

Aktiva	**Bilanz der Bausig OHG zum 31.12.XX**		**Passiva**
I. Anlagevermögen		**I. Eigenkapital**	302.463,00
1. Grundstücke & Bauten	230.000,00	**II. Fremdkapital**	
2. TA und Maschinen	63.700,00	1. Langfristige Schulden	
3. Werkzeuge	14.640,00	Hypothekenschuld	102.000,00
4. Fuhrpark	83.500,00	Darlehensschuld	87.000,00
5. BGA	32.890,00	2. Kurzfristige Schulden	
II. Umlaufvermögen		Verbindlichkeiten a. L.L.	34.900,00
1. Rohstoffe	4.724,00		
2. Forderungen a. L.L.	15.000,00		
3. Kasse	2.300,00		
4. Bankguthaben	79.609,00		
Bilanzsumme	526.363,00	**Bilanzsumme**	526.363,00

Bei der Erstellung der Schlussbilanz gibt es Ähnlichkeiten zwischen der Eröffnungsbilanz am Anfang des Geschäftsjahres und der Schlussbilanz am Ende des gleichen Geschäftsjahres, da die Bilanzpositionen unverändert bleiben. Allerdings variieren die Werte aufgrund der Geschäftsfälle. Durch z.B. Zukäufe von Hilfs- und Betriebsstoffen können auch neue Bilanzpositionen hinzugefügt werden. Die Bilanzsumme auf der Aktivseite muss stets der Summe auf der Passivseite entsprechen, um eine korrekte Buchführung zu gewährleisten. Abweichungen erfordern eine gründliche Fehleranalyse.

Im Folgenden erhalten Sie Tipps, welche Schritte Sie bei der Fehleranalyse durchgehen sollten:

1. **Fehler beim Addieren der Bilanzsummen:** Eine erneute Überprüfung der Addition ist notwendig.

2. **Korrekte Übertragung der Schlussbestände:** Es muss sichergestellt sein, dass die Endbestände der T-Konten korrekt in die Schlussbilanz übernommen wurden.

3. **Richtigkeit der Schlussbestände:** Die Schlussbestände jedes T-Kontos sollen erneut berechnet werden: Anfangsbestand + Zugänge – Abgänge = Endbestand

4. **Richtigkeit der Buchungssätze:** Es ist zu überprüfen, ob alle Buchungssätze korrekt ins Hauptbuch übernommen wurde, ob Soll und Haben stets ausgeglichen sind und die Werte richtig übertragen wurden.

5. **Korrekte Buchung im Hauptbuch:** Es muss sichergestellt sein, dass der erste Wert im Buchungssatz immer im Soll und der zweite Wert nach dem Wort »an« immer im Haben gebucht wurde.

Eine sorgfältige Prüfung dieser Punkte gewährleistet die Genauigkeit und Korrektheit der Schlussbilanz und die Bilanzsummen auf der Aktiv- und Passivseite stimmen überein.

Die komplette Buchung auf Bestandskonten können Sie hier im Video noch einmal nachschauen:

Überprüfen Sie Ihr Wissen zu diesem Kapitel:

https://learningapps.org/watch?v=pap9y2x1v24

Kapitel 5

Buchen auf Erfolgskonten

5.1 Erfolgsvorgänge ändern das Eigenkapitalkonto

Herr Bausig hat einen detaillierteren Einblick in sein Unternehmen gewonnen. Er ist jedoch verwundert, dass er immer noch nicht erkennen kann, wie viel Gewinn sein Unternehmen erzielt hat. Frau Petryzka, seine Mitarbeitern in der Finanzbuchhaltung, lobt Herrn Bausig für seine aufmerksame Beobachtung und beginnt zu erklären:

Bislang haben wir verschiedene Geschäftsfälle behandelt, bei denen sich alle möglichen Bilanzpositionen verändert haben. Nur eine Position ist dabei konstant geblieben, nämlich das **Eigenkapital**.

Ein Unternehmen kann nur langfristig am Markt bestehen, wenn es **Gewinne erzielt.** Dazu muss es ermitteln, wie erfolgreich es war und wie hoch der Gewinn oder im negativen Fall der Verlust ausgefallen ist.

Ein Gewinn erhöht bzw. vermehrt das Eigenkapital, ein Verlust verringert das Eigenkapital.

Geschäftsfälle, die sich unmittelbar auf das Eigenkapital auswirken, werden als **erfolgswirksame Geschäftsfälle** bezeichnet. Sie verändern das Eigenkapitalkonto.

Um verkaufsfertige Erzeugnisse herzustellen, setzt ein Unternehmen wie die Bausig OHG Rohstoffe, Hilfs- und Betriebsstoffe sowie Maschinen und Arbeitskräfte ein. Durch den Einsatz dieser Produktionsfaktoren kommt es prinzipiell zu einem Abfluss von Werten. Dieser Werteabfluss wird als **Aufwendungen** bezeichnet.

Produktionsfaktoren sind Ressourcen, die in einem Produktionsprozess verwendet werden, um Güter und Dienstleistungen herzustellen. Es gibt üblicherweise drei Hauptarten von Produktionsfaktoren: Arbeit, Kapital und Naturressourcen (auch Boden und Land genannt).

Wenn Unternehmen Produktionsfaktoren wie Arbeit und Kapital einsetzen, müssen sie oft dadurch Kosten tragen. Diese Kosten können in Form von Löhnen für Arbeitnehmer, Mieten für Kapital, wie Maschinen oder Gebäude, und anderen Ausgaben auftreten. Der Abfluss von Werten bezieht sich in diesem Kontext auf die Ausgaben oder Kosten, die mit der Nutzung von Produktionsfaktoren verbunden sind.

Bei der Produktion von Gütern können Rohstoffe verbraucht werden. Wenn Rohstoffe wie Holz verwendet werden, kommt es zu einem Abfluss von Werten in Form der Auszehrung oder Verbrauch dieser Ressourcen.

Durch den Verkauf der fertigen Erzeugnisse, der auch als Zuwachs von Werten betrachtet werden kann, wird der Werteabfluss ausgeglichen oder sogar übertroffen. Im letzterem Fall entsteht ein Gewinn, der die Wettbewerbsfähigkeit des Unternehmens sichern kann. Dieser Gewinn steht als Belohnung für die Risiken und Kosten, die das Unternehmen im Produktionsprozess eingegangen ist.

Ein Zuwachs an Werten entsteht aufgrund der Wertschöpfung im Produktionsprozess und den Marktfaktoren, die den Preis bestimmen. In vielen Fällen durchläuft ein Produkt verschiedene Stufen der Wertschöpfungskette, von der Rohstoffgewinnung bis zum Endverbraucher. Jede Stufe trägt zum Gesamtwert des Produktes bei. Zum Beispiel kann ein Hersteller von Rohstoffen diese an einen Produzenten verkaufen, der daraus ein Halbfabrikat herstellt. Der Produzent verkauft dann das Halbfabrikat an einen Händler, der es schließlich an den Endverbraucher verkauft. Jede dieser Transaktionen trägt zum Zuwachs von Werten bei.

Der Wert eines Produkts auf dem Markt wird durch Angebot und Nachfrage beeinflusst. Wenn die Produktionskosten niedriger sind als der Verkaufspreis, entsteht ein Zuwachs von Werten.

Diesen Zuwachs an Werten bezeichnen wir als **Erträge**.

5.2 Eröffnen der Erfolgskonten

Aufwendungen und Erträge werden in Konten geführt, die Unterkonten des Eigenkapitalkontos darstellen.

Da das Eigenkapitalkonto ein **Passivkonto** ist, wird es im Soll weniger und im Haben mehr. Dieser Logik folgen die Aufwands- und Ertragskonten.

Aufwendungen stellen eine Verringerung dar und werden somit im Soll gebucht, Erträge sind eine Mehrung des Eigenkapitals und werden damit im Haben gebucht.

Aufgrund der Übersichtlichkeit werden nicht alle Transaktionen in das Eigenkapitalkonto gebucht. Stattdessen werden für jede Aufwands- und Ertragskategorie eigene Konten eröffnet. Am Ende des Geschäftsjahres werden diese Aufwendungen und Erträge auf dem sogenannten GuV, dem Gewinn- und Verlustkonto, gesammelt. Auf diesem Konto wird der Gewinn oder Verlust ermittelt. Anschließend wird dieser Betrag ins Eigenkapitalkonto übertragen. Dies dient der Übersichtlichkeit. Auf einem Blick ist erkennbar, wie hoch beispielsweise die Lohnkosten waren oder wie viel das Unternehmen für Reparaturen ausgegeben und Umsatzerlöse erzielt hat.

Frau Petryzka erklärt die Eröffnung der Erfolgskonten anhand der letzten Aktivitäten in der Bausig OHG.

- Am Endes jeden Monats erhalten die Mitarbeiter, die die Holzhäuser bei den Kunden vor Ort errichten, ihre Löhne. Dies ist auch in diesem Monat geschehen und drei Mitarbeiter haben jeweils 2.800,00 € per Banküberweisung erhalten.
- Weiterhin haben wir ein Holzhaus unserer Marke Antik-Petite im Wert von 25.540,00 € verkauft und der Kunde hat eine Rechnung erhalten.
- Leider ist eine unserer Holzschneidemaschinen in der Werkstatt kaputt gegangen. Wir haben ein externes Unternehmen beauftragt, um sie wieder instand zu setzen. Dafür haben wir eine Rechnung über 354,00 € erhalten.
- Unser Holz lagert in der Lagerhalle, die wir angemietet haben. Dafür müssen wir monatlich Miete in Höhe von 235,00 € zahlen. Wir haben einen Dauerauftrag dafür eingerichtet und die Miete geht zum 01. eines jeden Monats automatisch von unserem Bankkonto ab.
- Als letzte Aktivität in diesem Monat hat die Einkaufsabteilung Papier und Druckerpatronen im Wert von 215,00 € eingekauft und eine Rechnung dafür erhalten.

Die Beträge werden alle als Netto-Beträge betrachtet. Bei Ein- und Verkäufen kommt noch die Umsatzsteuer hinzu. Diese wird hier aus Vereinfachungsgründen weggelassen. Im siebten Kapitel »Die Berechnung und Buchung der Umsatzsteuer« wird diese erläutert.

Zunächst müssen die Buchungssätze, also die Eintragungen im Grundbuch erfolgen. Dies sieht bei unseren fünf Geschäftsfällen wie folgt aus:

Datum	Belegnummer	Buchungstext	Soll	Haben
	1	Löhne	8.400,00	
		an Bank		8.400,00
	2	Forderungen aus Lieferung und Leistung	25.540,00	
		an Umsatzerlöse		25.540,00

3	Fremdinstandhaltung	354,00	
	an Verbindlichkeiten aus Lieferung und Leistung		354,00
4	Mietaufwendungen	235,00	
	an Bank		235,00
5	Büromaterial	215,00	
	an Verbindlichkeiten aus Lieferung und Leistung		215,00

Zum Buchungssatz 1: Wenn wir als Unternehmen Löhne zahlen, verringert sich unser Eigenkapital. Die Zahlung der Löhne stellt für uns einen Aufwand dar. Aufwendungen werden im Soll gebucht, da sich das Eigenkapital ebenfalls im Soll verringert. Die Zahlung erfolgt durch Banküberweisung. Dadurch wird unser Bankguthaben weniger. Das Konto »Bank« ist ein Aktivkonto und wird im Haben weniger. Daraus folgt der Buchungssatz: Löhne an Bank.

Zum Buchungssatz 2: Wir verkaufen unsere eigenen Produkte. Dies erhöht das Eigenkapital und wird im Haben gebucht. Unser Kunde zahlt nicht sofort, sondern erhält eine Rechnung von uns. Das bedeutet, wir fordern von ihm noch Geld ein. Deshalb benötigen wir das Konto »Forderungen aus Lieferung und Leistung«, das zunimmt, da weitere Forderungen hinzukommen. Dies ist ein Aktivkonto und wird im Soll mehr. Daraus folgt: Forderungen aus Lieferung und Leistung an Umsatzerlöse.

Zum Buchungssatz 3: Die Reparatur muss bezahlt werden, was unser Eigenkapital verringert. Aus diesem Grund benötigen wir ein Aufwandskonto und wir nennen es »Fremdinstandhaltung«, weil wir ein fremdes Unternehmen dafür beauftragt haben. Wir könnten das Konto auch »Reparaturaufwendungen« oder ähnlich nennen. Hauptsache wir entscheiden uns für eine Bezeichnung und bleiben auch dabei. Aufwendungen werden im Soll gebucht. Das Unternehmen gibt uns eine Rechnung, die wir noch begleichen müssen. Das bedeutet, wir haben Schulden bei diesem Unternehmen. Wir benötigen das Konto »Verbindlichkeit aus Lieferung und Leistung« aufgrund der Reparaturleistung. Dies ist ein Passivkonto und wird im Haben mehr. Deshalb folgt: Fremdinstandhaltung an Verbindlichkeiten aus Lieferung und Leistung.

Zum Buchungssatz 4: Die Zahlung der Miete verringert unser Eigenkapital. Es handelt sich um Aufwendungen, die im Soll gebucht werden. Die Banküberweisung lässt unser Bankguthaben verringern und wird als Aktivkonto im Haben gebucht. Es folgt: Mietaufwendungen an Bank.

Zum Buchungssatz 5: Beim Kauf des Büromaterials verringert sich unser Eigenkapital. Deshalb buchen wir auf der Sollseite. Die Rechnung, die wir erhalten ist eine Forderung des anderen Unternehmens und für uns stellt sie eine Schuld dar. Aus diesem Grund buchen wir auf Verbindlichkeiten. Diese werden mehr, da unsere Schulden durch den Kauf steigen. Das Passivkonto vermehrt sich im Haben. Es folgt: Büromaterial an Verbindlichkeiten aus Lieferung und Leistung.

Im Grundbuch erkennen wir, welche Aufwands- und Ertragskonten die Bausig OHG benötigt. In der Benennung der Erfolgskonten, also der Aufwands- und Ertragskonten sind die Unternehmen freier: Es gibt keine gesetzliche Grundlage, die vorschreibt, in welcher Reihenfolge und mit welcher Bezeichnung diese Konten geführt werden. Im Gegensatz zu den Bestandskonten, die im Handelsgesetzbuch (HGB) § 266 festgelegt sind. Die Bezeichnung folgt dem ordnungsmäßigen Prinzip der Stetigkeit. Das bedeutet, die Bezeichnung muss einmal im Kontenplan festgelegt werden, kann angepasst werden, aber nicht im Wesentlichen jedes Jahr verändert werden.

Bei den fünf Buchungssätzen benötigen wir folgende Bestandskonten: Bank, Forderungen aus Lieferung und Leistung, Verbindlichkeiten aus Lieferung und Leistung. Die Grundlage für diese Konten ist die Bilanz, aus der wir die Anfangsbestände herauslesen können.

Der Übersichtlichkeit halber eröffnen wir nur diese Bestandskonten. In der Realität müssten wie in Kapitel 4 »Buchen auf Bestandskonten« alle Bestandskonten eröffnet werden. Zum besseren Verständnis fangen wir hier im Kleinen an.

Folgende Erfolgskonten benötigen wir bei diesen fünf Buchungssätzen: Löhne, Umsatzerlöse, Fremdinstandhaltung, Mietaufwendung, Büromaterial

Wenn wir uns diese Konten genauer anschauen, fällt auf, dass wir bei Löhnen, Fremdinstandhaltung, Mietaufwendung, Büromaterial einen Werteabfluss haben, da wir in diesen Fällen etwas bezahlen müssen. Die Löhne zahlen wir, weil die Mitarbeiter uns ihre Arbeitskraft zur Verfügung gestellt haben. Die Fremdinstandhaltung zahlen wir, weil ein beauftragtes Unternehmen unsere Maschine repariert hat. Mietaufwendungen, weil wir den Lagerraum nutzen können und als Gegenleistung dafür die Miete zahlen. Beim Büromaterial haben wir Verbrauchsmaterial gekauft. Das Papier und die Druckerpatronen verbrauchen sich. Dies ist auch die Abgrenzung zum Bestandskonto »Betriebs- und Geschäftsausstattung«.

Im folgenden Video habe ich die Abgrenzung genauer erklärt, wann bei einem Geschäftsfall das Konto »Büromaterial« und wann die Betriebs- und Geschäftsausstattung angesprochen ist.

Bei den Umsatzerlösen handelt es sich um den Verkauf unserer selbst hergestellten Holzhäuser, für die wir Geld erhalten. Daher fungiert dieses Konto als Ertragskonto. Bei größeren Unternehmen wird das Konto »Umsatzerlöse« oft spezifiziert; in unserem Fall müsste es korrekterweise als *Umsatzerlöse für eigene Erzeugnisse* benannt werden.

Die Aufwands- und Ertragskonten weisen keinen Anfangsbestand auf, da sie keine Bestandskonten sind und der Saldo am Ende des Geschäftsjahres letztendlich in das Konto »Eigenkapital« fließt. Die Eröffnung der betreffenden Konten sieht im Hauptbuch wie folgt aus:

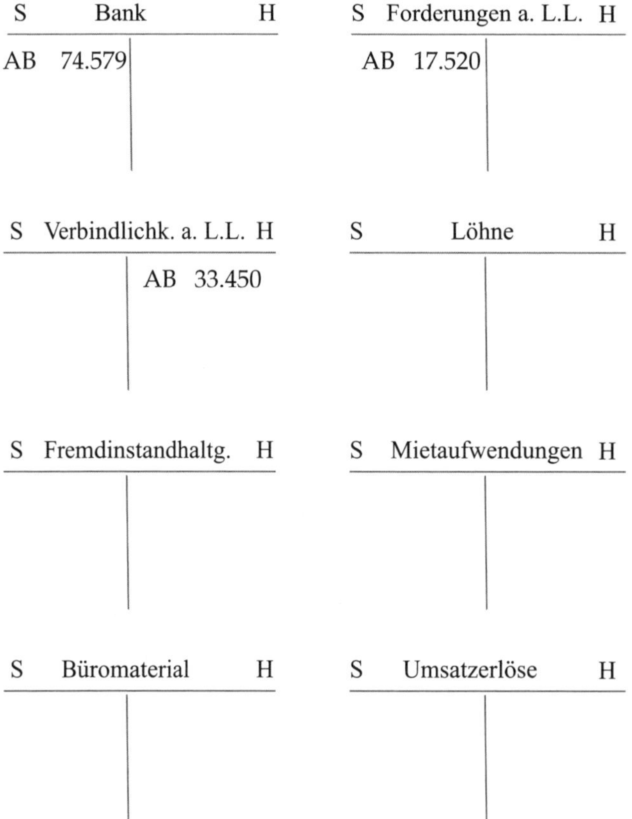

Wenn die Buchung sowohl manuell als auch wie im gezeigten Beispiel erfolgt, empfehle ich folgende Struktur: Zunächst sollten alle Aktivkonten mit ihren entsprechenden Anfangsbeständen eröffnet werden, gefolgt von den Passivkonten. Als Nächstes werden alle Aufwandskonten mit den entsprechenden Bezeichnungen auf dem T-Konto eröffnet, und schließlich die Ertragskonten.

5.3 Buchen auf Erfolgskonten im Hauptbuch

Die Buchung auf Erfolgskonten folgt der gleichen Logik wie die Buchung auf Bestandskonten: Es folgt eine Buchung im Soll und eine im Haben. Diese Buchungen lassen sich im Grundbuch erkennen, wo festgehalten wird, welche Buchungen im Soll und welche im Haben erfolgt. Im Folgenden werden die fünf Buchungssätze im Hauptbuch eingetragen:

S	Bank		H
AB	74.579	1.	8.400
		4.	235

S	Forderungen a. L.L.		H
AB	17.520		
2.	25.540		

S	Verbindlichk. a. L.L.		H
		AB	33.450
		3.	354
		5.	215

S	Löhne		H
1.	8.400		

S	Fremdinstandhaltg.		H
3.	354		

S	Mietaufwendungen		H
4.	235		

S	Büromaterial		H
5.	215		

S	Umsatzerlöse		H
		2.	25.540

5.4 Abschluss der Erfolgskonten über das Gewinn- und Verlustkonto

Bei den Bestandskonten werden Schlussbestände gebildet, die die Grundlage für die neue Bilanz am Ende des Geschäftsjahres bilden. Im Gegensatz dazu können bei den Erfolgskonten keine Schlussbestände gebildet werden, da es sich nicht um Bestandskonten handelt. Dennoch folgt auch bei den Erfolgskonten die Logik, dass jedes T-Konto sich im Gleichgewicht befinden muss. Aus diesem Grund werden ebenfalls Summen auf jeder Seite gebildet, und was für die Bestandskonten der Schlussbestand ist, entspricht bei den Erfolgskonten dem Saldo. Das sieht bei unseren fünf Geschäftsfällen wie folgt aus:

S	Bank		H
AB	74.579	1.	8.400
		4.	235

S	Forderungen a. L.L.		H
AB	17.520		
2.	25.540		

S	Verbindlichk. a. L.L.		H
		AB	33.450
		3.	354
		5.	215

S	Löhne		H
1.	8.400	Saldo	8.400
	8.400		8.400

S	Fremdinstandhaltg.		H
3.	354	Saldo	354
	354		354

S	Mietaufwendungen		H
4.	235	Saldo	235
	235		235

S	Büromaterial		H
5.	215	Saldo	215
	215		215

S	Umsatzerlöse		H
Saldo	25.540	2.	25.540
	25.540		25.540

Für Saldo könnte auch GuV stehen. Dann folgt es der Logik, dass das Gegenkonto angegeben wird. GuV ist die Abkürzung für Gewinn- und Verlustkonto und die Salden werden dort gesammelt.

Die Bestandskonten schließe ich an dieser Stelle nicht ab. Dies können Sie im Abschnitt 4.3.3 »Abschluss der Bestandskonten« nachvollziehen.

Soll	**Gewinn- und Verlustkonto**		**Haben**
Löhne	8.400,00	Umsatzerlöse	25.540,00
Fremdinstandhaltung	354,00		
Mietaufwendungen	235,00		
Büromaterial	215,00		
Gewinn	**16.336,00**		
	25.540,00		25.540,00

Die Buchungen für die Erstellung des GuV Kontos lauten wie folgt:

Datum	Belegnummer	Buchungstext	Soll	Haben
	6	GuV	8.400,00	
		an Löhne		8.400,00
	7	Umsatzerlöse	25.540,00	
		an GuV		25.540,00
	8	GuV	354,00	
		an Fremdin-standhaltung		354,00
	9	GuV	235,00	
		an Mietaufwen-dungen		235,00
	10	GuV	215,00	
		an Büromaterial		215,00

Dies sind Abschlussbuchungen, die auch gesammelt gebucht werden können:

Datum	Belegnummer	Buchungstext	Soll	Haben
		GuV	9.204,00	
		an alle Auf-wandskonten		9.204,00
		Alle Ertragskonten	25.540,00	
		an GuV		25.540,00

Im Gewinn- und Verlustkonto (GuV) werden die Salden der Aufwands- und Ertragskonten übertragen. Anschließend werden die Summen der Soll- und Habenseite gebildet. Die höhere Summe bestimmt die Gesamtsumme der Spalte, in unserem Fall die Habenseite mit 25.540,00 €. Diese Summe wird auf die gegenüberliegende Seite übertragen, in unserem Fall die Sollseite. Von dieser Summe werden die Aufwendungen abgezogen und die Differenz von 16.336,00 € wird auf die Sollseite geschrieben. So sind beide Seiten ausgeglichen. In unserem Beispiel ist ein Gewinn entstanden, da die Erträge größer sind als die Aufwendungen.

Die Struktur des Gewinn- und Verlustkontos (GuV) sieht beim Gewinn bzw. beim Verlust wie folgt aus:

Aufwendungen	Erträge
Gewinn	

Aufwendungen	Erträge
	Verlust

Die Berechnung des Gewinns bzw. des Verlusts = Erträge – Aufwendungen.

Wenn die Erträge größer sind als die Aufwendungen, entsteht ein Gewinn.

Wenn die Erträge kleiner sind als die Aufwendungen, entsteht ein Verlust.

Die Summe des GuV-Kontos auf der Soll- und Habenseite muss immer gleich sein. Daher ergibt sich, dass der Gewinn auf die Sollseite zu den Aufwendungen notiert wird, da die Erträge höher sind als die Aufwendungen. Im Gegensatz zum Verlust sind die Aufwendungen höher als die Erträge und damit muss der Verlust auf die Habenseite geschrieben werden, damit die Summen auf der Soll- und Habenseite identisch sind.

5.5 Der Kreis schließt sich – Buchen des Gewinns oder Verlusts im Eigenkapitalkonto

Der berechnete Gewinn in unserem Beispiel lautet 16.336,00 €. Dieser Betrag erhöht das Eigenkapital und muss entsprechend gebucht werden.

Soll		**Eigenkapitalkonto**	**Haben**
Schlussbestand	318.799,00	Anfangsbestand	302.463,00
		Gewinn	**16.336,00**
	318.799,00		318.799,00

Der Anfangsbestand des Eigenkapitalkontos wird aus der Bilanz abgelesen. Der Gewinn wird aus dem GuV-Konto übertragen. Dann folgt der Abschluss des T-Kontos der gleichen Logik: Beide Seiten müssen sich wertmäßig im Gleichgewicht befinden. Wir rechnen die Summe von Anfangsbestand und Gewinn aus. Diese übertragen wir auf die Sollseite und dann ist diese Summe auch gleich unser Schlussbestand und Anfangsbestand im neuen Geschäftsjahr.

Der Buchungssatz für die Übertragung des Gewinns ins Eigenkapitalkontos lautet:

Datum	Belegnummer	Buchungstext	Soll	Haben
		GuV	16.336,00	
		an Eigenkapital-konto		16.336,00

Dies ist die Abschlussbuchung für unser Beispiel. Der Saldo des Gewinns steht im GuV-Konto im Soll, also wird das GuV-Konto auch zuerst genannt. Der Gewinn steht im Eigenkapitalkonto im Haben, also wird dieses Konto als zweites genannt.

Durch die Gegenüberstellung der Aufwendungen und Erträge im GuV-Konto kann Herr Bausig auf dem ersten Blick den Gewinn oder Verlust erkennen. Im Eigenkapitalkonto kann er am Ende des Geschäftsjahres sofort erkennen, wie sich dieser Gewinn bzw. Verlust auf sein Eigenkapital auswirkt.

Herr Bausig erzielt einen Gewinn. Dann sehen die Konten folgendermaßen aus:

S GuV- Konto H	
Aufwendungen	Erträge
Gewinn	

S Eigenkapital H	
Endkapital	Anfangskapital
	Gewinn

Der Abschlussbuchungssatz lautet: GuV an Eigenkapital.

Herr Bausig erzielt einen Verlust. Dann sehen die Konten so aus:

S GuV- Konto H	
Aufwendungen	Erträge
	Verlust

S Eigenkapital H	
Verlust	Anfangskapital
Endkapital	

Der Abschlussbuchungssatz lautet: Eigenkapital an GuV.

Im Anhang B finden Sie eine Auflistung üblicher Aufwendungen und Erträge.

Die komplette Buchung sowie der Abschluss auf Erfolgskonten wird hier im Video anhand verschiedener Beispiele erklärt:

Überprüfen Sie Ihr Wissen zu diesem Kapitel:

https://learningapps.org/watch?v=pm6qzvjyt24

Kapitel 6

Abschreibungen auf Sachanlagen

Herr Bausig hat nun verstanden, wie er einen Überblick über sein Vermögen und Kapital in der Bilanz erhalten kann, wie die einzelnen Geschäftsfälle in seinem Unternehmen gebucht werden und wie er den Erfolg im Gewinn- und Verlustkonto ermitteln kann. Er ist erfreut darüber, dass es der Bausig OHG wirtschaftlich so gut geht. Während seines wöchentlichen Routinechecks durch die Werkstätten erinnert er sich an die vermehrten Reparaturen der Maschinen in letzter Zeit. Da die Maschinen bereits recht alt sind, überlegt er, wie dieser Werteverlust eigentlich in der Buchhaltung berücksichtigt wird. Daher sucht er erneut Frau Petryzka, seine Expertin der Finanzbuchhaltung, auf. Er schätzt ihre Geduld und die klaren Antworten, die sie ihm stets gibt.

6.1 Abnutzbare und nicht abnutzbare Anlagegüter

Frau Petryzka erläutert, dass der Werteverlust von Vermögensgegenständen durch Abschreibungen erfasst wird. In der Buchhaltung wird ein Konto mit dem Namen »Abschreibungen auf Sachanlagen« eröffnet. Es handelt sich um ein Aufwandskonto. Auf diesem Konto wird der Werteverlust gebucht und das Aufwandskonto wird wie alle anderen Aufwandskonten auch über das Gewinn- und Verlustkonto abgeschlossen.

Das Handelsgesetzbuch, kurz HGB, unterscheidet dabei im § 253 Absatz 3 zwischen Anlagegüter, die zeitlich begrenzt sind, und diejenigen, die unbegrenzt nutzbar sind. Die Abschreibungen gelten für abnutzbare Anlagegüter, die zeitlich begrenzt im Unternehmen genutzt werden.

Zu den abnutzbaren Anlagegütern zählen alle technischen Anlagen und Maschinen, der gesamte Fuhrpark, die Gebäude sowie die Betriebs- und Geschäftsausstattung. Diese Güter befinden sich auf der Aktivseite der Bilanz im Anlagevermögen und unterliegen einer planmäßigen Abschreibung zur Berücksichtigung ihrer Wertverminderung.

Die Gründe für die Zulassung von Abschreibungen liegen in der Nutzung und dem natürlichen Verschleiß. Je länger eine Maschine, ein LKW, Auto etc. in Gebrauch ist, desto anfälliger werden sie für Reparaturen. Die Anlagegüter altern im Laufe der Zeit und erbringen nicht mehr die Leistung wie zu Beginn. Dieser Alterungsprozess wird manchmal auch durch den technischen Fortschritt beschleunigt. Kaum hat man sich ein neues Smartphone angeschafft, ist es wieder veraltet, weil ein noch besseres Produkt auf den Markt gekommen ist.

Im Gegensatz dazu gibt es die nicht abnutzbaren Anlagegüter, zu denen unbebaute Grundstücke, generell Grund und Boden, Beteiligungen und andere Finanzanlagen, wie Wertpapiere gehören, die dauerhaft im Unternehmen bleiben sollen.

6.2 Verschiedene Möglichkeiten der Abschreibung

Nachdem sich Herr Bausig dazu entschlossen hat, eine Vakuumpumpe zu erwerben, erläutert Frau Petryzka ihm die Abschreibungen anhand dieses Anlageguts. Die Vakuumpumpe zählt zu den technischen Anlagen. In der Buchhaltung spricht man von **Abschreibungen auf Sachanlagen.**

Grundlage für alle Abschreibungsmethoden sind die Anschaffungs- oder Herstellungskosten (§ 255 HGB). Die einfachste Variante der Anschaffungskosten ist der Nettopreis des Anlageguts. Es können jedoch auch Nebenkosten zu den Anschaffungskosten gezählt werden, die dazu führen, das Anlagegut in einen betriebsbereiten Zustand versetzt wird. Beispiele hierfür sind Kosten für Transport, Montage oder Überführung. Preisnachlässe, wie Rabatte, Skonti oder Boni reduzieren die Anschaffungskosten.

Wie die Anschaffungskosten im Detail berechnet werden und was genau zu berücksichtigen ist, kann hier im Video nachgeschaut werden.

Die einfachste Abschreibungsmethode ist die **lineare Abschreibung.** Für die Berechnung werden die Anschaffungskosten und die Nutzungsdauer des Anlagegutes benötigt.

Die Nutzungsdauer der Anlagegüter ist in Afa-Tabellen aufgeführt. Afa steht für **Absetzung für Abnutzung**. Das Bundesfinanzministerium veröffentlicht allgemeingültige Afa-Tabellen, die je nach Branche die Nutzungsdauer für verschiedene Anlagegüter enthalten. Diese Tabellen werden online veröffentlicht. Frau Petryzka findet für die neue Vakuumpumpe im Baugewerbe in der Afa-Tabelle unter Punkt 4.8 eine Nutzungsdauer von 6 Jahren.

Die lineare Abschreibungsmethode ist einfach zu berechnen, da die Abschreibungsbeträge jedes Jahr gleich sind. Diese Methode kann immer angewendet werden.

Eine weitere Abschreibungsmethode ist die **degressive Abschreibung.** Hierbei wird die Minderung prozentual berechnet, und der Staat entscheidet, ob diese Abschreibungsmethode erlaubt ist oder nicht. Maßgebend ist das Anschaffungsjahr des Anlagegutes.

Anschaffungs- bzw. Herstellungsjahr	Höchstprozentsatz
01.10.23 – 31.12.24	25%
01.01.23 – 30.09.23	abgeschafft
01.01.20 – 31.12.22	25%
2011 – 31.12.2019	abgeschafft
2009 – 31.12.2010	25%
2008	abgeschafft
2006 – 31.12.2007	30%
2001 – 31.12.2005	20%

Im Jahr 2020 wurde die degressive Abschreibung im Rahmen des Wachstumschancengesetzes aufgrund von Corona erneut zugelassen, jedoch maximal für 25% für bewegliche Wirtschaftsgüter des Anlagevermögens. Bevor diese Abschreibungsmethode angewendet wird, muss erst geprüft werden, ob sie steuerrechtlich erlaubt ist, wie im § 7 Absetzung für Abnutzung oder Substanzverringerung des Einkommensteuergesetz nachzulesen ist.

Die Berechnung der degressiven Abschreibung ist aufwendiger. Der Abschreibungsbetrag wird nur im ersten Nutzungsjahr von den Anschaffungskosten vorgenommen. In den folgenden Nutzungsjahren wird der Betrag vom Buchwert oder auch Restwert berechnet. Dies führt zu fallenden Abschreibungsbeträgen von Jahr zu Jahr und rein mathematisch wird der Restwert niemals 0. Dieses Problem wird gelöst, indem man von der degressiven zur linearen Abschreibung wechselt, sobald die Jahresabschreibungsbeträge nach der linearen Methode größer sind als die Beträge nach der degressiven Methode. Eine detaillierte Erläuterung der Berechnung findet sich im Abschnitt 6.3 »Berechnung und Buchung von Abschreibungen auf Sachanlagen«.

Eine weitere Abschreibungsmethode ist die **Leistungsabschreibung**, die die Nutzungsdauer nicht in Jahren, sondern in Leistungseinheiten wie Stückzahl, Anzahl der Arbeitsvorgänge, gefahrene Kilometer, Betriebsstunden misst. Diese Methode ist nur bei beweglichen Wirtschaftsgütern des Anlagevermögens sinnvoll, wenn die Leistungseinheiten pro Jahr deutlich schwanken, und erfordert nachweisbare und dokumentierte Leistungseinheiten.

Die Leistungsabschreibung ist zwar aufwendiger, jedoch genauer, da sie die technische Abnutzung besser berücksichtigt als die lineare und degressive Abschreibung. Sie erfasst die wirklichen Leistungseinheiten und nach diesen wird die Abnutzung berechnet.

Bei der linearen und degressiven Abschreibungsmethode muss eine **zeitanteilige Abschreibung im Anschaffungsjahr** erfolgen. Die Zeitrechnung beginnt im Monat der Anschaffung. Man rechnet nicht auf den Tag genau, sondern auf den Monat genau. Herr Bausig schafft seine Vakuumpumpe am 15.11.2023 an. Am Ende des Jahres 2023 werden zwei Monate (November und Dezember) abgeschrieben. Die Nutzungsdauer der Pumpe beträgt sechs Jahre. Im Jahr 7 werden die restlichen 10 Monate (Januar bis Oktober) abgeschrieben.

6.3 Berechnung und Buchung von Abschreibungen auf Sachanlagen

6.3.1 Lineare Abschreibung

Die Vakuumpumpe im Wert von 2.500 € netto wurde von Herrn Bausig am 15.11.23 erworben. Laut der Afa Tabelle des Bundesfinanzministeriums beträgt die Nutzungsdauer für diese Pumpe sechs Jahren.

Hinweis

Bei diesem Einkauf fallen in der Realität Umsatzsteuer an. Diese wird im Kapitel 7 Die Berechnung und Buchung der Umsatzsteuer erklärt. An dieser Stelle wird der Einfachheit halber die Steuer zunächst weggelassen.

Die Berechnung der jährlichen Abschreibung:

$$\frac{2.500}{6} = 416{,}67€$$

Generell gilt zur Berechnung der linearen Abschreibungsbeträge:

$$\frac{Anschaffungskosten}{Nutzungsdauer} = jährliche\ Abschreibungsbeträge$$

Im ersten Jahr wird eine zeitanteilige Abschreibung vorgenommen. Da die Pumpe im November und Dezember für zwei Monate im Unternehmen war, beträgt die zeitanteilige Abschreibung:

$\frac{2}{12}x416{,}67 = 69{,}45€$

Die Abschreibungsbeträge über die sechs Jahre sehen wie folgt aus:

Jahr	Abschreibungsbeträge und Buchwert
Jahr 1: Anschaffung am 15.11.23	2.500,00 €
- zeitanteilige Abschreibung	- 69,45 €
= Buchwert am Ende des Jahres 1 (31.12.23)	=2.430,55 €
Jahr 2: Buchwert am 01.01.24	2.430,55 €
- linearer Abschreibungsbetrag	- 416,67 €
= Buchwert am Ende des Jahres 2 (31.12.24)	= 2.013,88 €
Jahr 3: Buchwert am 01.01.25	2.013,88 €
- linearer Abschreibungsbetrag	- 416,67 €
= Buchwert am Ende des Jahres 3 (31.12.25)	= 1.597,21 €
Jahr 4: Buchwert am 01.01.26	1.597,21 €
- linearer Abschreibungsbetrag	- 416,67 €
= Buchwert am Ende des Jahres 4 (31.12.26)	= 1.180,54 €
Jahr 5: Buchwert am 01.01.27	1.180,54 €
- linearer Abschreibungsbetrag	- 416,67 €
= Buchwert am Ende des Jahres 5 (31.12.27)	= 763,87 €
Jahr 6: Buchwert am 01.01.28	763,87 €
- linearer Abschreibungsbetrag	- 416,67 €
= Buchwert am Ende des Jahres 6 (31.12.28)	= 347,20 €
Jahr 7: Buchwert am 01.01.29	347,20 €
- restliche zeitanteilige Abschreibung	- 346,20 €
= Erinnerungswert, wenn die Pumpe noch benutzt wird (31.12.29)	= 1 €

Durch Rundungen kann es zu einer Abweichung von 2 Cent kommen. Dies passt man in der Tabelle an, so dass ein Euro Erinnerungswert übrig bleibt. Wenn dieser eine Euro nicht mehr vorhanden ist, würde die Pumpe aus der Buchhaltung verschwinden, da sie keinen angegebenen Wert mehr hätte. Um sicherzustellen, dass die Buchführung mit der Realität übereinstimmt und die Pumpe weiterhin erscheint, wenn sie noch genutzt wird, wird der sogenannte Erinnerungswert beibehalten.

Die Buchung im Jahr 1 im Grundbuch sieht wie folgt aus:

Datum	Belegnummer	Buchungstext	Soll	Haben
15.11.		Technische Anlagen und Maschinen	2.500,00	
		an Bank		2.500,00
31.12.		Abschreibungen auf Sachanlagen	69,45	
		an Technische Anlagen und Maschinen		69,45

Im Hauptbuch sehen die Buchungen im Jahr 2023 (Jahr 1) wie folgt aus:

S	Bank H
AB	15.11. 2.500

S	TA & Maschinen H
AB	31.12. 69,45
15.11. 2.500	

S	Abschr. a. Sachanl. H
31.12. 69,45	

Im Jahr 2024 (Jahr 2) sieht das Grund- und Hauptbuch wie folgt aus:

Datum	Belegnummer	Buchungstext	Soll	Haben
31.12.		Abschreibungen auf Sachanlagen	416,67 €	
		an Technische Anlagen und Maschinen		416,67 €

S Abschr. a. Sachanl.	H
31.12. 416,67	

S TA & Maschinen	H
AB	31.12. 416,67

Wenn die Vakuumpumpe die einzige Technische Anlage und Maschinen wäre, würde sich im Jahr 1 ein Anfangsbestand 2.500 € und ein Schlussbestand von 2.430,55 € ergeben (2.500,00 – 69,45 €). Da dies bei Herrn Bausig nicht der Fall ist, kann der genaue Wert der Pumpe nicht direkt aus dem Schlussbestand abgelesen werden. Daher wird ein Anhang erstellt, der diese Information dokumentiert.

Das Konto »Abschreibungen auf Sachanlagen« ist ein Aufwandskonto, das den Gewinn reduziert. Daher wird das Konto über das Gewinn- und Verlustkonto, genauso wie jede andere Aufwandsbuchung (siehe Abschnitt 5.4 »Abschluss der Erfolgskonten über das Gewinn- und Verlustkonto«), abgeschlossen.

Der Schlussbestand der Technischen Anlagen und Maschinen fließt in die Schlussbilanz.

6.3.2 Degressive Abschreibung

Die Vakuumpumpe, die Herr Bausig am 15.11.23 im Wert von 2.500 Euro netto angeschafft hat, könnte aufgrund des Anschaffungszeitpunkts nach dem 01.10.23 (siehe Tabelle für die Erlaubnis der degressiven Abschreibung in Abschnitt 6.2 »Verschiedene Möglichkeiten der Abschreibung«) degressiv abgeschrieben werden. Wenn Herr Bausig sich für die degressive Abschreibung entscheidet, beträgt der höchstmögliche Abschreibungsbetrag 25%. Im ersten Jahr wird, wie bei der linearen Abschreibung, zeitanteilig abgeschrieben, nämlich für zwei von zwölf Monaten.

Die Berechnung sieht folgendermaßen aus:

*Anschaffungskosten * Abschreibungssatz = Jahresbeitrag d. degressiven Abschreibung*

2.500,00 * 0,25 = 625,00 €

Zeitanteilige Abschreibung für November und Dezember im Jahr 2023:

$$\frac{625{,}00 * 2}{12} = 104{,}17€$$

Jahr	Abschreibungsbeträge und Buchwert
Jahr 1: Anschaffung am 15.11.23	2.500,00 €
- zeitanteilige Abschreibung	- 104,17 €
= Buchwert am Ende des Jahres 1 (31.12.23)	= 2.395,83 €
Jahr 2: Buchwert am 01.01.24	2.395,83 €
- degressiver Abschreibungsbetrag 25 %	- 598,96 €
= Buchwert am Ende des Jahres 2 (31.12.24)	= 1.796,87 €
Jahr 3: Buchwert am 01.01.25	1.796,87 €
- degressiver Abschreibungsbetrag 25%	- 449,22 €
= Buchwert am Ende des Jahres 3 (31.12.25)	= 1.347,65 €
Jahr 4: Buchwert am 01.01.26	1.347,65 €
- degressiver Abschreibungsbetrag 25%	- 336,91 €
= Buchwert am Ende des Jahres 4 (31.12.26)	= 1.010,74 €
Jahr 5: Buchwert am 01.01.27	1.010,74 €
- degressiver Abschreibungsbetrag 25%	- 252,69 €
= Buchwert am Ende des Jahres 5 (31.12.27)	= 758,05 €
Jahr 6: Buchwert am 01.01.28	758,05 €
- degressiver Abschreibungsbetrag 25%	- 189,51 €
= Buchwert am Ende des Jahres 6 (31.12.28)	= 568,54 €
Jahr 7: Buchwert am 01.01.29	568,54 €
- restliche zeitanteilige Abschreibung (10/12 von 625 €)	- 520,83 €
Buchwert am Ende des Jahres 7 (31.12.29)	= 47,71 €

Da der Wert bei der degressiven Abschreibungsmethode rein rechnerisch nie auf 0 kommen kann, wird zur linearen Abschreibungsmethode gewechselt. Der optimale Wechselpunkt liegt dort, wo der lineare Abschreibungsbetrag höher als der degressive Betrag ist.

Die Formel für den optimalen Wechsel-Zeitpunkt lautet:

$$\textit{Übergangsjahr} = (N - \frac{100}{p}) + 1$$

N = Nutzungsjahr

P = Prozentsatz

Übergangsjahr für die Vakuumpumpe:

$$(6 - \frac{100}{25}) + 1 = 3$$

Das bedeutet, dass im dritten Jahr von der degressiven auf die lineare Abschreibung gewechselt wird.

Jahr	Abschreibungsbeträge und Buchwert
Jahr 1: Anschaffung am 15.11.23	2.500,00 €
- zeitanteilige Abschreibung	- 104,17 €
= Buchwert am Ende des Jahres 1 (31.12.23)	= 2.395,83 €
Jahr 2: Buchwert am 01.01.24	2.395,83 €
- degressiver Abschreibungsbetrag 25 %	- 598,96 €
= Buchwert am Ende des Jahres 2 (31.12.24)	= 1.796,87 €
Jahr 3: Buchwert am 01.01.25	1.796,87 €
- lineare Abschreibung (1.796,87/4)	**- 449,22 €**
= Buchwert am Ende des Jahres 3 (31.12.25)	= 1.347,65 €
Jahr 4: Buchwert am 01.01.26	1.347,65 €
- lineare Abschreibung	- 449,22 €
= Buchwert am Ende des Jahres 4 (31.12.26)	= 898,43 €
Jahr 5: Buchwert am 01.01.27	898,43 €
- lineare Abschreibung	- 449,22 €
= Buchwert am Ende des Jahres 5 (31.12.27)	= 449,21 €
Jahr 6: Buchwert am 01.01.28	449,21 €
- lineare Abschreibung	-448,21 €
= Erinnerungswert (31.12.28)	= 1 €

Im letzten Jahr wird aufgrund Rundungsungenauigkeiten der Abschreibungsbetrag angepasst, so dass ein Erinnerungswert von einem Euro herauskommt. Die zeitanteilige Abschreibung entfällt im siebten Jahr.

Die Buchung im Grund- und Hauptbuch sieht genauso aus, wie bei der linearen Abschreibung, nur die Beträge ändern sich. Aus diesem Grund wird dies hier nicht noch einmal aufgeführt.

Das Video erklärt nochmal die lineare und degressive Abschreibung sowie die zeitanteilige Abschreibung und deren Buchung im Grund- und Hauptbuch:

Der Wechsel von der degressiven zur linearen Abschreibung wird in diesem Video erläutert. Auch, wie man den optimalen Zeitpunkt ohne Formel berechnen kann:

6.3.3 Die Leistungsabschreibung

Die Vakuumpumpe könnte nach Leistung abgeschrieben werden, beispielsweise durch das genaue Zählen der Kilowattstunden, die anzeigen, wann und wie lange sie genutzt wurde. Weiterhin könnte sie über die genutzten Betriebsstunden abgeschrieben werden. Bei Herrn Bausig wäre diese Methode jedoch nicht sinnvoll, da die Pumpe einer regelmäßigen Auslastung unterliegt. Bei der Leistungsabschreibung muss allerdings eine unregelmäßige Auslastung vorliegen, so dass sie überhaupt genehmigt wird. Eine Abschreibung nach Leistung ist daher nicht plausibel und steuerlich nicht genehmigt.

Herr Bausig besitzt allerdings einen speziellen LKW, der nur bei Großaufträgen zum Einsatz kommt. Solche Großaufträge fallen nicht jedes Jahr an. Ein solcher Großauftrag bei Herrn Bausig dauert etwa drei Monate.

Die Leistungseinheit für diesen LKW sind die gefahrenen Kilometer, die in einem Fahrtenbuch dokumentiert werden. Die Gesamtleistung für diesen LKW soll 300.000 km betragen.

Die Berechnung des Abschreibungsbetrages ergibt sich wie folgt:

$$\text{Abschreibungsbetrag} = \frac{\textit{Nettoanschaffungskosten} * \textit{Istleistung pro Jahr}}{\textit{Sollgesamtleistung}}$$

Die Sollgesamtleistung ist die geschätzte Gesamtleistung, die nach der Anschaffung anhand von Erfahrungswerten festgelegt wird.

Herr Bausigs LKW wurde für 105.000 € netto angeschafft und die voraussichtliche Gesamtleistung beträgt 300.000 km. Die ersten drei Jahre nach der Anschaffung sind durch das Fahrtenbuch dokumentiert:

Jahr 1: 35.000 km

Jahr 2: 70.000 km

Jahr 3: 15.000 km

Die Abschreibungsbeträge für die ersten drei Jahre sehen wie folgt aus:

Abschreibungsjahr	Berechnung des Abschreibungsbetrages	Abschreibungsbetrag
1.	$\frac{105.000 * 35.000}{300.000} =$	12.250,00
2.	$\frac{105.000 * 70.000}{300.000} =$	24.500,00
3.	$\frac{105.000 * 15.000}{300.000} =$	5.250,00

Die nächsten Jahre würden nach dem gleichen Prinzip abgeschrieben werden, bis die Anschaffungskosten auf 0 Euro bzw. 1 Euro Erinnerungswert reduziert wurden.

Die Buchung im Grundbuch sieht für das **erste Jahr** wie folgt aus:

Datum	**Belegnummer**	**Buchungstext**	**Soll**	**Haben**
		Fuhrpark	105.000,00	
		an Bank		105.000,00
31.12.		Abschreibungen auf Sachanlagen	12.250,00	
		an Fuhrpark		12.250,00

Im Hauptbuch würde die Buchung wie folgt aussehen:

S	Bank	H
AB	1.	105.000

S	Fuhrpark	H
AB		31.12. 12.250
1.	105.000	

S	Abschr. a. Sachanl.	H
31.12. 12.250		

Überprüfen Sie Ihr Wissen zu diesem Kapitel:

https://learningapps.org/watch?v=pwmkoi3ut24

Kapitel 7

Die Berechnung und Buchung der Umsatzsteuer

7.1 Wareneinkäufe und -verkäufe: Vorsteuer und Umsatzsteuer

Herr Bausig nimmt erneut die Rechnung von der Forstwirtschaft Lande in die Hand und er betrachtet sie (s. Abbildung auf Seite 35). Er wundert sich, da er sich sehr sicher ist, dass das Fichtenholz weniger als 2.000,00 € gekostet hat. Er entschließt sich, Frau Petryzka danach zu fragen.

Frau Petryzka erklärt, dass seine Erinnerung korrekt ist, der Preis für das Holz ist unter 2.000 € gesunken. Der Kubikmeterpreis beträgt wieder 55 €/m³. Auf der Rechnung ist ersichtlich, dass die Bausig OHG einen Rabatt von 5 % erhält.

Die Steuer erhöht den Betrag auf über 2.000 €, genauer gesagt auf 2.176,21 €. Dabei handelt es sich um die Umsatzsteuer, die allgemein 19 % beträgt und ermäßigt 7 %.

Hinweis

Dies ist aktuell 2024. Politische Entscheidungen können dazu führen, dass der Steuersatz dauerhaft oder vorübergehend gesenkt oder erhöht werden.

Die Ware von der Forstwirtschaft unterliegt dem Steuersatz von 19%. Herr Bausig fragt sich, warum auf alles Steuern gezahlt werden muss, wenn er bereits auf seinen Gewinn Steuern zahlt. Frau Petryzka erklärt ihm, dass die Umsatzsteuer ein **durchlaufender Posten** ist und sein Unternehmen die Steuer auf die Waren im Endeffekt nicht bezahlt. Den Betrag zahlt der Endkunde.

Die Steuer auf Einkäufe kann sich das Unternehmen vom Finanzamt erstatten lassen und die Steuer bei den Verkäufen muss das Unternehmen ans Finanzamt abführen. Es wird nur der Mehrwert besteuert.

Im Falle des Fichtenholzes sieht es folgendermaßen aus: Die Bausig OHG hat das Fichtenholz für einen Bruttopreis von 2.176,21 € eingekauft. Dieses Holz wird zu einer kleinen Hütte weiterverarbeitet und zum Bruttopreis von 6.545,00 € an den Endverbraucher verkauft.

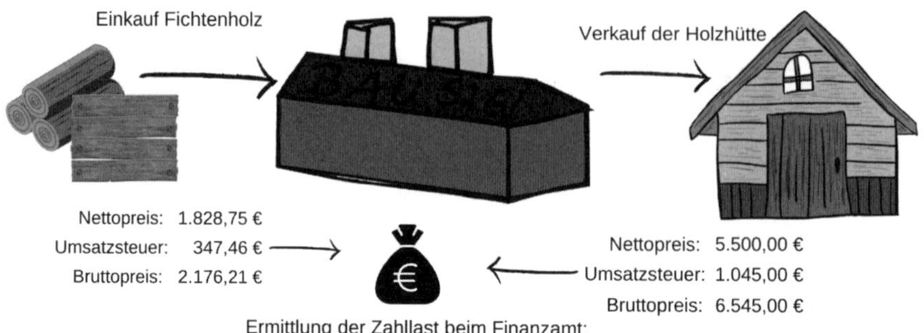

Die Umsatzsteuer der Einkäufe wird aus Sicht der Bausig OHG als Vorsteuer betrachtet. Diese kann sich die Bausig OHG vom Finanzamt erstatten lassen. Im Fall des Fichtenholzes sind dies 347,46 €. Wenn die Bausig OHG das Holz weiterverarbeitet, dann entsteht ein Mehrwert. Die OHG hat das Holz wertvoller gemacht, indem es zur Hütte weiterverarbeitet wurde. Die Steuer, die der Kunde für die Hütte zahlt, ist für das Unternehmen die Umsatzsteuer, die an das Finanzamt abgeführt wird. In dem Beispiel sind es die 1.045,00.

Jeden Monat muss die Bausig OHG die Zahllast berechnen und spätestens am 10. des Folgemonats ans Finanzamt überweisen. Wenn das Unternehmen in dem Monat nur den einen Einkauf des Fichtenholzes und den Verkauf der Hütte getätigt hätte, wären das 697,54 €. Damit ist quasi nur der Mehrwert besteuert.

In diesem Fall gibt es nur drei Stufen: Der Erzeuger der Rohstoffe, die Bausig OHG als Weiterverarbeiter und der Endverbraucher. Dies ist die Wertschöpfungskette. Die Materialien werden auf verschiedenen Stufen bearbeitet und auf jeder Stufe entsteht ein Mehrwert. Wer mehr dazu erfahren möchte und wissen möchte, warum die Umsatzsteuer ein durchlaufender Posten ist, schaut sich das folgende Video an:

Bei **Einkäufen** handelt es sich bei der Steuer um die **Vorsteuer**, die das Unternehmen vom Finanzamt erstattet bekommt. Bei **Verkäufen** handelt es sich um die **Umsatzsteuer**, die das Unternehmen dem Finanzamt abführen muss. Dies darf monatlich gegeneinander aufgerechnet werden.

Umsatzsteuer – Vorsteuer = Zahllast

Ist die Zahllast negativ, weil mehr eingekauft als verkauft wurde, dann entsteht ein **Vorsteuerüberhang**, den das Unternehmen vom Finanzamt erstattet bekommt oder der im Folgemonat verrechnet wird.

7.2 Berechnung und Buchung der Umsatzsteuer

Gemäß § 1 Abs. 1 Nr. 1 UStG sind »die Lieferungen und sonstige Leistungen, die ein Unternehmer im Inland gegen Entgelt im Rahmen eines Unternehmens ausführt« umsatzsteuerpflichtig. Wer selbstständig ist und für seine Leistungen oder Produkte Geld verlangt, muss dafür auch Umsatzsteuer berechnen. Allerdings gibt es eine Umsatzgrenze, ab wann ein Unternehmen umsatzsteuerpflichtig ist. Liegt der Umsatz unterhalb der Grenze, handelt es sich um ein Kleinunternehmen und es wird keine Umsatzsteuer berechnet. Diese Rechnungen sind ohne Umsatzsteuer ausgestellt.

Die Bausig OHG liegt über der Grenze und zahlt Umsatzsteuer. Die Zahllast wird monatlich berechnet und muss bis zum 10. des Folgemonats ans Finanzamt überwiesen werden. Das Finanzamt legt fest, ob monatlich, quartalsweise oder halbjährlich zu entrichten ist, abhängig von der Höhe der Jahresumsätze.

Schauen wir uns die Berechnung der Zahllast im Grund- und Hauptbuch an:

Folgende Geschäftsfälle sind in einem Monat der Bausig OHG entstanden:

1. Kauf einer Maschine für 495 € netto. Die Rechnung wird zu einem späteren Zeitpunkt bezahlt.
2. Verkauf einer Holzhütte für brutto 18.443,81 € auf Ziel.
3. Einkauf von Rohstoffen für 7.125 € netto auf Ziel.
4. Verkauf einer kleinen Lagerhalle im Wert von 7.140 € brutto. Die Rechnung wird zu einem späteren Zeitpunkt beglichen.

Hinweis: Der aktuelle Steuersatz liegt bei 19%.

7.2.1 Berechnung der Umsatzsteuer sowie des Netto- bzw. Bruttobetrags

Für die konkrete Berechnung der Geschäftsfälle wird der Nettobetrag, der Bruttobetrag sowie die Umsatzsteuer benötigt.

Zu 1.) Bei dem ersten Geschäftsfall ist der Nettobetrag angegeben. Das bedeutet, hier muss die Umsatzsteuer von 19 % hinzugerechnet werden.

$$Umsatzsteuer: \frac{495{,}00 * 19}{100} = 94{,}05€$$

$$Bruttobetrag: 495{,}00 + 94{,}05 = 589{,}05€\text{Bruttobetrag}$$

Zu 2.) Bei dem Verkauf der Holzhütte ist der Bruttobetrag im Geschäftsfall gegeben. Das bedeutet, die Umsatzsteuer sowie der Nettobetrag werden noch berechnet. Ein wichtiger Hinweis bei der Berechnung ist zu beachten: Der Nettobetrag beträgt 100 %. Das bedeutet, der Bruttobetrag kann nicht ebenfalls 100 % sein, sondern muss 119 % darstellen, inklusive der Umsatzsteuer.

$$Umsatzsteuer: \frac{18.443{,}81 * 19}{119} = 2.944{,}81€$$

$$Nettobetrag: 18.443{,}81 - 2.944{,}81 = 15.499{,}00€$$

Zu 3.) Beim dritten Geschäftsfall ist der Nettobetrag angegeben. Das bedeutet, der Bruttobetrag sowie die Umsatzsteuer müssen berechnet werden.

$$Umsatzsteuer: \frac{7.125 * 19}{100} = 1.353{,}75€$$

$$Bruttobetrag: 7.125{,}00 + 1.353{,}75 = 8.478{,}75€$$

Zu 4.) Beim Verkauf der Lagerhalle ist der Bruttobetrag gegeben. Das bedeutet, der Nettobetrag sowie die Umsatzsteuer müssen berechnet werden. Hier ist wie beim zweiten Geschäftsfall zu beachten, dass der Bruttobetrag 119%, also inklusive der Steuer, darstellt und nicht 100%.

$$Umsatzsteuer: \frac{7.140 * 19}{119} = 1.140{,}00€$$

$$Nettobetrag: 7.140 - 1.140 = 6.000{,}00€$$

Zusammengefasst sind jetzt für die vier Geschäftsfälle alle notwendigen Beträge für die Buchung im Grund- und Hauptbuch vorhanden.

	Geschäftsfall 1	Geschäftsfall 2	Geschäftsfall 3	Geschäftsfall 4
Nettobetrag	495,00 €	15.499,00 €	7.125,00 €	6.000,00 €
Umsatzsteuer	94,05 €	2.944,81 €	1.353,75 €	1.140,00 €
Bruttobetrag	589,05 €	18.443,81 €	8.478,75 €	7.140,00 €

7.2.2 Buchung der Umsatzsteuer im Grund- und Hauptbuch

Auf den Rechnungen steht immer Umsatzsteuer oder auch Mehrwertsteuer.

Die Steuer bei Einkäufen der Bausig OHG stellt die Vorsteuer dar. Aufgrund der Besteuerung des Mehrwertes und nicht des gesamten Wertes wird die bezahlte Umsatzsteuer auf Einkäufe dem Unternehmen gut geschrieben und der Begriff Vorsteuer verwendet.

Die Steuer beim Verkauf von selbst hergestellten Produkten, wie die Holzhütte und die Lagerhalle bei der Bausig OHG, stellt die Umsatzsteuer für das Unternehmen dar. Diese wird an das Finanzamt abgeführt.

Im Grundbuch wird dann wie folgt gebucht:

Datum	Belegnummer	Buchungstext	Soll	Haben
	1	TA und Maschinen	495,00	
		Vorsteuer	94,05	
		an Verbindlichkeiten a. L.L.		589,05
	2	Forderungen a. L.L.	18.443,81	
		an Umsatzerlöse		15.499,00
		an Umsatzsteuer		2.944,81
	3	Rohstoffe	7.125,00	
		Vorsteuer	1.353,75	
		an Verbindlichkeiten a. L.L.		8.478,75
	4	Forderungen a. L.L.	7.140,00	
		an Umsatzerlöse		6.000,00
		an Umsatzsteuer		1.140,00

Wenn im Geschäftsfall angegeben ist, dass die Rechnung später beglichen wird oder auf Ziel bezahlt wird, bedeutet dies, dass bei einem Einkauf »Verbindlichkeiten aus Lieferung und Leistung« (kurz: Verbindlichkeiten a. L.L.) verbucht werden, während bei einem Verkauf »Forderungen aus Lieferung und Leistung« (kurz: Forderungen a. L.L.) entstehen.

Im Hauptbuch wird dann wie folgt gebucht:

S	TA und Maschinen	H
AB		
1.	495,00	

S	Forderungen a. L.L.	H
AB		
2.	18.443,81	
4.	7.140,00	

S	Rohstoffe.	H
AB		
3.	7.125,00	

S	Verbindlichk.a. L.L.	H
	AB	
	1.	589,05
	3.	8.478,75

S	Umsatzerlöse	H
	2.	15.499,00
	4.	6.000,00

S	Vorsteuer	H
1.	94,05	
3.	1.353,75	

S	Umsatzsteuer	H
	2.	2.944,81
	4.	1.140,00

Die Konten »Technische Anlagen und Maschinen« (kurz: TA und Maschinen), »Forderungen a. L.L.« sowie »Rohstoffe« sind Aktivkonten mit einem Anfangsbestand auf der Sollseite. Zunahmen werden im Soll, Abnahmen im Haben gebucht.

Das Konto »Verbindlichkeiten a. L.L.« ist ein Passivkonto mit einem Anfangsbestand auf der Habenseite. Zunahmen werden im Haben und Abnahmen im Soll gebucht.

Die Anfangsbestände sind hier nicht eingetragen und müssten aus der Bilanz entnommen werden.

Die Bestandskonten (Aktiv- und Passivkonten) werden über das Schlussbilanzkonto abgeschlossen.

Das Konto »Umsatzerlöse« ist ein Ertragskonto und gehört zu den Erfolgskonten, die über das Gewinn- und Verlustkonto (kurz: GuV) abgeschlossen werden. Diese Konten haben keinen Bestand, also auch keinen Anfangsbestand.

Die Konten »Vorsteuer« und »Umsatzsteuer« sind bisher noch nicht aufgetreten. Da die Vorsteuer eine Forderung gegenüber dem Finanzamt darstellt, wird dieses

Konto wie ein Aktivkonto behandelt, jedoch ohne Anfangsbestand, da monatlich eine Verrechnung mit der Umsatzsteuer stattfindet.

Die Umsatzsteuer stellt quasi eine Verbindlichkeit (Schulden) gegenüber dem Finanzamt dar und hat den Charakter eines Passivkontos, auch hier in der Regel ohne Anfangsbestand.

Wenn am Ende des Jahres die Bilanz erstellt wird, aber die Zahllast für Dezember noch nicht beglichen wurde, befindet sich der Posten »Umsatzsteuer« auch in der Bilanz auf der Passivseite. Diese können aber auch als »Sonstige Verbindlichkeiten« zusammengefasst werden.

7.3 Abschluss der Konten »Vorsteuer« und »Umsatzsteuer«

Die Konten »Vorsteuer« und »Umsatzsteuer« müssen monatlich abgeschlossen werden, wenn die Umsatzsteuer bezahlt wird. Zwei Szenarien sind möglich: Entweder ist die Vorsteuer summiert höher als die Umsatzsteuer oder umgekehrt.

Im Falle eines Vorsteuerüberhangs, was darauf hindeutet, dass im betreffenden Monat mehr Waren oder Dienstleistungen eingekauft als verkauft wurden, wird der Überhang üblicherweise auf den Folgemonat übertragen. Alternativ kann der Betrag auch vom Finanzamt erstattet werden. Dieser Fall wird im Abschnitt 7.4 »Vorsteuerüberhang versus Zahllast« berechnet, gebucht und erläutert.

Der Abschluss der Konten bei den bisherigen vier Geschäftsfällen erfolgt so:

S	Umsatzsteuer		H
Vst.	1.447,80	2.	2.944,81
Bank	2.637,01	4.	1.140,00
	4.084,81		4.084,81

S	Vorsteuer		H
1.	94,05	Ust	1.447,80
3.	1.353,75		
	1.447,80		1.447,80

Wenn die Summe der Vorsteuer kleiner ist als die Summe der Umsatzsteuer, wird das Konto »Vorsteuer« über das Konto »Umsatzsteuer« abgeschlossen.

Wenn die Summe der Umsatzsteuer kleiner ist als die Summe der Vorsteuer, wird das Konto »Umsatzsteuer« über das Konto »Vorsteuer« abgeschlossen.

Die Regel lautet immer: Klein über groß.

> Der Abschlussbuchungssatz von Vor- und Umsatzsteuer lautet immer:
>
> **Umsatzsteuer an Vorsteuer**

Der Abschluss der beiden Konten folgt der Systematik des Kontenabschlusses. Auf der Seite, die größer ist, wird die Summe gebildet, auf die andere Seite übertragen und die anderen Beträge abgezogen. Dieser Saldo wird auf das andere Konto gebucht.

Die Abschlussbuchungssätze lauten wie folgt:

Datum	Belegnummer	Buchungstext	Soll	Haben
	5	Umsatzsteuer	1.447,80	
		an Vorsteuer		1.447,80
	6	Umsatzsteuer	2.637,01	
		an Bank		2.637,01

Wird die Umsatzsteuer direkt ans Finanzamt bezahlt, erfolgt die Buchung über das Konto »Bank«. Am Jahresende, wenn die Bilanz erstellt wird, steht nicht »Bank«, sondern »SBK« (Schlussbilanzkonto) im T-Konto.

7.4 Vorsteuerüberhang versus Zahllast

Die Berechnung und Buchung der Zahllast wurde in den vorherigen Kapiteln erläutert. Zusammengefasst muss die Zahllast jeden Monat ermittelt werden, indem die Vorsteuer von der Umsatzsteuer abgezogen wird. Bis zum 10. des Folgemonats muss diese Zahllast unaufgefordert an das Finanzamt überwiesen werden. Das bedeutet, die Konten »Umsatzsteuer« und »Vorsteuer« müssen monatlich abgeschlossen und die Zahllast ermittelt werden.

Die Entstehung einer Zahllast zeigt an, dass das Unternehmen mehr verkauft als eingekauft hat. Es gibt jedoch auch Monate, in denen trotz großer Anschaffungen die Umsätze gleichbleibend sind. In solchen Fällen ist die Vorsteuer größer als die Umsatzsteuer und es entsteht ein **Vorsteuerüberhang**. Dies stellt eine Forderung gegenüber dem Finanzamt dar, die oft nicht erstattet, sondern mit der Zahllast des Folgemonats verrechnet wird.

Betrachten wir ein Beispiel, indem ein Vorsteuerüberhang entsteht. Angenommen die Bausig OHG hat in einem Monat folgende Ein- & Verkäufe getätigt:

1. Zielkauf einer technischen Anlage für 5.700,00 € netto zzgl. 1.083,00 € Umsatzsteuer.
2. Zielkauf von Rohstoffen für 7.550,00 € netto zzgl. 1.434,50 € Umsatzsteuer.
3. Verkauf eines Holzschuppens für 4.500,00 € netto zzgl. 855,00 € Umsatzsteuer auf Ziel.

Bei dem ersten und zweiten Geschäftsfall handelt es sich um Einkäufe. Von daher ist die Steuer als Vorsteuer anzusehen. Bei dem dritten Geschäftsfall geht es um einen Verkauf und die Steuer wird als Umsatzsteuer gebucht.

Die Buchung der drei Geschäftsfälle im Grundbuch erfolgen wie folgt:

Datum	Belegnummer	Buchungstext	Soll	Haben
	1	TA und Maschinen	5.700,00	
		Vorsteuer	1.083,00	
		an Verbindlichkeiten a. L.L.		6.783,00
	2	Rohstoffe	7.550,00	
		Vorsteuer	1.434,50	
		an Verbindlichkeiten a. L.L.		8.984,50
	3	Forderungen a. L.L.	5.355,00	
		an Umsatzerlöse		4.500,00
		an Umsatzsteuer		855,00

Die Buchung im Hauptbuch sieht so aus:

S	TA und Maschinen	H
AB		
1.	5.700,00	

S	Forderungen a. L.L.	H
AB		
3.	5.355,00	

S	Rohstoffe.	H
AB		
2.	7.550,00	

S	Verbindlichk.a. L.L.	H
		AB
	1.	6.783,00
	2.	8.984,50

S	Umsatzerlöse	H
	3.	4.500,00

S	Vorsteuer	H
1.	1.083,00	
2.	1.434,50	

S	Umsatzsteuer		H
		3.	855,00

Die beiden Konten »Vorsteuer« und »Umsatzsteuer« müssen am Monatsende abgeschlossen werden:

S	Umsatzsteuer		H
Vst.	855,00	3.	855,00
	855,00		855,00

S	Vorsteuer		H
1.	1.083,00	Ust	855,00
2.	1.434,50	Ford.	1.662,50
	2.517,50		2.517,50

Das Konto mit der kleineren Summe wird über das Konto mit der größeren Summe abgeschlossen. In diesem Fall wird das Konto »Umsatzsteuer« über das Konto »Vorsteuer« abgeschlossen. Die Übertragung folgt der Logik der Finanzbuchhaltung: Soll an Haben.

Die Buchungssätze lauten:

Datum	Belegnummer	Buchungstext	Soll	Haben
	4	Umsatzsteuer	855,00	
		an Vorsteuer		855,00
	5	Forderung ggü. dem Finanzamt	1.662,50	
		an Vorsteuer		1.662,50

Bei dem Konto »Umsatzsteuer« werden die 855,00 € vom dritten Geschäftsfall auf der Habenseite zur Summe auf der Habenseite geschrieben. Die Summen müssen bei Soll und Haben immer gleich sein. Aus diesem Grund werden die 855,00 € ebenfalls auf die Sollseite geschrieben. Damit die Sollseite rechnerisch stimmt, müssen die 855,00 € auf die Sollseite gebucht werden. Beim Gegenkonto wird hingeschrieben: Vst. = Vorsteuer.

Die Übertragung folgt der Logik der Finanzbuchhaltung: Soll an Haben. Das bedeutet, die Buchung im Soll von 855,00 € auf dem Konto »Umsatzsteuer« erfordert auf dem Konto »Vorsteuer« eine Habenbuchung von 855,00 €. Dies erkennen Sie im T-Konto »Vorsteuer« als erste Habenbuchung.

Anschließend wird das Konto »Vorsteuer« abgeschlossen. Die Summe von der Sollseite wird gebildet und 2.517,50 € als Summe hingeschrieben. Diese Summe wird auf die Habenseite übertragen und die 855,00 € werden von 2.517,50 € abgezogen. Es entsteht ein Vorsteuerüberhang von 1.662,50 €. In der Buchhaltung wird sie als Ford. = Forderungen gegenüber dem Finanzamt gebucht. Wie bereits erwähnt, werden die Überhänge in der Regel mit der Zahllast des Folgemonats verrechnet und nicht vom Finanzamt ausbezahlt. Aus diesem Grund werden sie als Forderung gebucht und im Folgemonat mit der vermutlich wieder entstehenden Zahllast verrechnet.

Überprüfen Sie Ihr Wissen zu diesem Kapitel:

https://learningapps.org/watch?v=p16fwmhd524

Kapitel 8

Bestandsveränderungen von Fertigen und Unfertigen Erzeugnissen

8.1 Bestandsveränderungen von Fertigen Erzeugnissen

Während des laufenden Geschäftsjahres wirft Herr Bausig regelmäßig einen Blick auf die Buchungen im Hauptbuch, um sein Verständnis für die Finanzbuchhaltung zu vertiefen. Oft entdeckt er dabei interessante Aspekte, die Fragen aufwerfen und die er dann bei seiner Finanzabteilung klärt. Dieses Mal fällt ihm auf, dass das Konto »Fertige Erzeugnisse« eröffnet wurde, der Anfangsbestand also auf der Sollseite vermerkt wurde, jedoch bisher keine Buchungen darauf erfolgt sind.

Das wirft einige Fragen auf:

Was sind überhaupt Fertige Erzeugnisse?

Warum wurde bisher nicht auf diesem Konto gebucht?

Brauchen wir das Konto überhaupt oder könnten wir es auch weglassen?

Herr Bausig begibt sich in die Finanzbuchhaltung und lässt sich von seiner Expertin aus der Finanzbuchhaltung Frau Petryzka diese Fragen erklären.

Die Buchung der Bestandsveränderungen ist Teil der Jahresabschlussarbeiten. Im Zuge der Inventur werden die Bestände von Fertigen und Unfertigen Erzeugnissen im Lager ermittelt und müssen selbstverständlich auch in der Buchhaltung erfasst werden.

Die Konten »Fertige Erzeugnisse« und »Unfertige Erzeugnisse« werden zu Beginn des Geschäftsjahres eröffnet, aber im Laufe des Geschäftsjahren erfolgen keine Buchungen. Bei diesen Konten würden sich Veränderungen ergeben, wenn Fertige Erzeugnisse produziert und verkauft würden. Bei der Produktion werden die verbrauchten Rohstoffe auf das Konto »Rohstoffaufwendungen« gebucht und beim Verkauf der Erzeugnisse wird auf das Konto »Umsatzerlöse aus eigenen Erzeugnissen« gebucht. Dies erfolgt, damit der Gewinn oder Verlust über die Aufwands- und Ertragskonten ermittelt werden kann. Damit sind die Konten »Fertige Erzeugnisse« und »Unfertige Erzeugnisse« während des laufenden Geschäftsjahres nicht aktuell.

Hinweis

Die Buchungen der **Roh-, Hilfs- und Betriebsstoffe** können nach der **Bestandsmethode** sowie nach der **Aufwandsmethode** erfolgen. Den Unterschied der beiden Methoden sowie die Begriffsklärung der Roh-, Hilfs- und Betriebsstoffe können Sie sich hier genauer anschauen:

Gemäß § 266 HGB fallen die Konten »Fertige Erzeugnisse« und »Unfertige Erzeugnisse« unter die Vorräte. Dies verleitet oft zur Buchung auf dem Konto »Fertige Erzeugnisse«, wenn ein selbst hergestelltes Produkt verkauft wird.

Achtung: Hier lauert der Fehlerteufel!

Beim Verkauf von Produkten verringert sich der Bestand von Fertigen Erzeugnissen. Man könnte daher denken, dass im Haben des Kontos »Fertige Erzeugnisse« gebucht wird. Das sollten Sie auf keinen Fall tun! Denn es ändert sich nicht nur der Bestand, sondern vor allem verändern sich die Erträge. Durch den Verkauf von Produkten steigen die Erträge. Und dies wird auf dem Konto »Umsatzerlöse aus eigenen Erzeugnissen« gebucht. Am Ende des Geschäftsjahres werden diese Umsatzerlöse auf dem Gewinn- und Verlustkonto verrechnet und es ist möglich, den Gewinn bzw. den Verlust zu berechnen.

Es ist nicht notwendig, bei jedem Verkauf den Bestand der Fertigen Erzeugnisse zu buchen. Die Buchung erfolgt nur am Endes eines Geschäftsjahres nach der Inventurliste.

8.1.1 Bestandsmehrungen von Fertigen Erzeugnissen

Zu Beginn des Geschäftsjahres weist das Konto für »Fertigen Erzeugnisse« einen bestimmten Wert auf, der aus der Bilanz abgelesen und als Anfangsbestand auf die Sollseite des Kontos eingetragen wird. Am Ende des Geschäftsjahres erfolgt die Übertragung des Wertes der Fertigen Erzeugnisse gemäß der Inventurliste. Die Differenz zwischen Anfangs- und Endbestand repräsentiert die Bestandsveränderung.

Anders ausgedrückt: In einem Geschäftsjahr entspricht die produzierte Menge selten genau der verkauften Menge. Das sind Bestandsveränderungen.

Bestandsmehrungen entstehen in einer Abrechnungsperiode (einem Geschäftsjahr), wenn die produzierte Menge größer ist als die verkaufte Menge und somit noch produzierte Mengen auf Lager verbleiben.

Die Produktion von Gütern verursacht Aufwendungen, darunter der Verbrauch von Roh-, Hilfs- und Betriebsstoffen, der Verschleiß technischer Anlagen sowie der Verbrauch von Energie, Wasser usw. Allerdings stehen diesen Aufwendungen bei einer Bestandsmehrung keine vergleichbaren Erträge gegenüber, da eine geringere Menge als die hergestellte verkauft wurde. Dies führt zu einer Verzerrung der Gewinn- und Verlustrechnung. Daher benötigt die Buchhaltung ein **Erfolgskonto für Bestandsveränderungen.**

Die noch auf dem Lager befindlichen Produkte stellen bereits einen Vermögenswert für die Bausig OHG dar. Dieser Wert wird dem Bestandskonto Fertige Erzeugnisse als Zugang gebucht.

S Fertige Erzeugnisse	H
AB 11.000,00	SB 17.000,00
BV 6.000,00	
17.000,00	17.000,00

S Bestandsveränderungen	H
GuV 6.000,00	FE 6.000,00
6.000,00	6.000,00

Der Schlussbestand des Kontos »Fertige Erzeugnisse« beträgt 17.000,00 €, wie durch die Inventur ermittelt. Dieser Betrag ist höher als der Anfangsbestand von 11.000,00 €, was bedeutet, das auf Lager produziert wurde und der Bestand gestiegen ist. Die Differenz von 6.000,00 € wird im Konto »Bestandsveränderungen« gebucht. Die Buchungslogik »Soll an Haben« wird konsequent angewendet. In diesem Fall werden die 6.000,00 € von der Sollseite der Fertigen Erzeugnisse auf die Habenseite der Bestandsveränderungen gebucht. Das Konto wird abgeschlossen, indem die Soll- und Habenseite ausgeglichen werden und das Gewinn- und Verlustkonto (GuV) als Gegenkonto angegeben wird. Im GuV-Konto werden die 6.000,00 € als Erträge auf der Habenseite gebucht. Damit sind die auf Lager befindlichen Vermögensgegenstände auch in der Gewinn- und Verlustrechnung erfasst und erhöhen den Gewinn um 6.000,00 €.

S	GuV-Konto	H
	BV 6.000,00	

8.1.2 Bestandsminderungen von Fertigen Erzeugnissen

Bei Bestandsminderungen wurde mehr verkauft als produziert. Das bedeutet, dass zu einem früheren Zeitraum als der betrachteten Abrechnungsperiode die Produkte auf Lager produziert und in einer späteren Abrechnungsperiode verkauft wurden. Die Aufwendungen, die bei der Produktion entstanden sind, wurden in **dieser** Abrechnungsperiode nicht berücksichtigt, während die Erlöse aus dem Verkauf eingegangen sind. Das führt, genauso wie bei Bestandsmehrungen, zur Verzerrung der Gewinn- und Verlustermittlung und wird durch das Erfolgskonto »Bestandsveränderungen« ausgeglichen.

S Fertige Erzeugnisse	H
AB 15.000,00	SB 10.000,00
	BV 5.000,00
15.000,00	15.000,00

S Bestandsveränderungen	H
FE 5.000,00	GuV 5.000,00
5.000,00	5.000,00

S GuV-Konto	H
BV 5.000,00	

Die Bestandsminderung von 5.000,00 € wird als Aufwendungen im GuV-Konto erfasst. Damit werden die Aufwendungen, die zur Produktion der Produkte einer vorherigen Abrechnungsperiode benötigt wurden, wieder in dieser Berechnung berücksichtigt.

8.2 Bestandsveränderungen von Unfertigen Erzeugnissen

Unfertige Erzeugnisse sind Produkte, die zum Bilanzstichtag, also zu Beginn und am Ende des Geschäftsjahres, noch nicht fertiggestellt wurden. Eine Zunahme dieser Produkte am Ende des Geschäftsjahres im Vergleich zum Anfang des Jahres wird als Bestandsmehrung betrachtet und über das Erfolgskonto »Bestandsveränderungen« als Ertrag in der GuV erfasst. Im Gegensatz dazu werden Bestandsminderungen, wenn die unfertigen Erzeugnisse abnehmen, als Aufwendungen im GuV-Konto erfasst. Nähere Erklärungen finden Sie im vorherigen Abschnitt 8.1 »Bestandsveränderungen von Fertigen Erzeugnissen«.

8.2.1 Bestandsmehrungen von Unfertigen Erzeugnissen

S Unfertige Erzeugnisse H

S		H	
AB	7.000,00	SB	11.000,00
BV	4.000,00		
	11.000,00		11.000,00

S Fertige Erzeugnisse H

S		H	
AB	11.000,00	SB	17.000,00
BV	6.000,00		
	17.000,00		17.000,00

S Bestandsveränderungen H

S		H	
GuV	10.000,00	UE	4.000,00
		FE	6.000,00
	10.000,00		10.000,00

S GuV-Konto H

S		H	
		BV	10.000,00

Bei den Unfertigen Erzeugnissen ist eine Bestandsmehrung entstanden, da der Anfangsbestand geringer ist als der Endbestand. Es wurden mehr Unfertige Erzeugnisse produziert als fertiggestellt und zum Verkauf zur Verfügung standen. Dieser Bestand auf dem Lager stellt einen Vermögenswert dar, der in die Gewinn- und Verlustrechnung als Erlös gebucht wird.

Bei diesem Beispiel wurden ebenfalls Fertige Erzeugnisse gebucht, die ebenfalls eine Bestandsmehrung aufweisen. Beide Konten, Fertige wie Unfertige Erzeugnisse, werden im Erfolgskonto »Bestandsveränderungen« gesammelt.

8.2.2 Bestandsminderung von Unfertigen Erzeugnissen

S Unfertige Erzeugnisse H

S		H	
AB	8.000,00	SB	5.000,00
		BV	3.000,00
	8.000,00		8.000,00

S Fertige Erzeugnisse H

S		H	
AB	11.000,00	SB	17.000,00
BV	6.000,00		
	17.000,00		17.000,00

S Bestandsveränderungen H

S		H	
UE	3.000,00	FE	6.000,00
GuV	3.000,00		
	6.000,00		6.000,00

S GuV-Konto H

S		H	
		BV	3.000,00

Bei den Unfertigen Erzeugnissen handelt es sich um eine Bestandsminderung. Am Anfang des Geschäftsjahres gab es eine größere Menge an Unfertigen Erzeugnissen als am Ende des Geschäftsjahres. Die Differenz von 3.000,00 € reduziert den Gewinn um diesen Betrag. In diesem Beispiel ist bei den Fertigen Erzeugnissen eine Bestandsmehrung entstanden, die den Gewinn um 6.000,00 € erhöhen. Die Gegenrechnung der beiden Konten ergibt eine Erhöhung des Gewinns um 3.000,00 €, was aus der Gewinn- und Verlustrechnung ersichtlich ist, da auf der Habenseite die Erlöse gesammelt werden.

Überprüfen Sie Ihr Wissen zu diesem Kapitel:

https://learningapps.org/watch?v=p7t6obz2j24

Kapitel 9

Privatentnahmen und Privateinlagen

9.1 Wer braucht ein Privatkonto?

Beim Überprüfen der letzten Bilanz und der Gewinn- und Verlustrechnung stellt Herr Bausig fest, dass sein persönliches Einkommen als Eigentümer nirgendwo auftaucht. Monatlich entnimmt er Geld für seinen Lebensunterhalt. Für Antworten auf diese Fragen wendet er sich erneut an Frau Petryzka, die Expertin für Finanzbuchhaltung. Bei ihrem nächsten Treffen erklärt sie ihm das Thema der Privateinlagen und -entnahmen.

Die Auszahlung, die Herr Bausig sich als Eigentümer gönnt, wird als Privatentnahme gebucht. Da die Bausig OHG eine Personengesellschaft ist, erfordert dies ein **Privatkonto**. Dies gilt für alle Personengesellschaften und Einzelunternehmen. Am Ende des Geschäftsjahres gehört den Eigentümern der Gewinn. Im Laufe des Geschäftsjahres kann sich der Eigentümer über das Privatkonto quasi einen Vorschuss auf den zu erwartenden Gewinn entnehmen. Die Gesellschaftsform lässt sich am Zusatz des Firmennamens erkennen. OHG steht für Offene Handelsgesellschaft und ist genauso wie die KG (Kommanditgesellschaft) und die GbR (Gesellschaft bürgerlichen Rechts) eine **Personengesellschaft**.

Im Gegensatz dazu sind die GmbH (Gesellschaft mit beschränkter Haftung) sowie die AG (Aktiengesellschaft) eine **Kapitalgesellschaft**. Bei diesen wird das Gehalt der Geschäftsführer als Aufwand gebucht und erscheint somit im Gewinn- und Verlustkonto (GuV-Konto).

Personengesellschaften und Einzelunternehmen müssen ein Konto *Privat* führen, das als Unterkonto des Eigenkapitalkontos fungiert. Gehälter der Eigentümer werden nicht im GuV-Konto erfasst, aufgrund der unterschiedlichen Besteuerung. Gewinne oder Verluste werden den Eigentümern direkt zugeordnet und in ihren individuellen Steuererklärungen berücksichtigt. Jedoch nur einmal im Jahr zum Abschluss des Geschäftsjahres. In der Regel erfolgen Entnahmen monatlich oder sogar öfter, weshalb eine separate Buchung erforderlich ist.

Kapitalgesellschaften hingegen sind eigenständige juristische Personen und zahlen unabhängig Steuern. Die Gehälter der Geschäftsführer werden als Aufwand im GuV-Konto erfasst und mindern somit die Steuerlast.

9.2 Privatentnahmen und Privateinlagen von Geldwerten

Die Auswirkungen von Privatentnahmen und Privateinlagen zeigen sich auf dem Eigenkapitalkonto. Zwar könnte direkt auf dem Eigenkapitalkonto gebucht werden, jedoch führt dies zur Unübersichtlichkeit. Aus diesem Grund wird ein Unterkonto »Privat« eingerichtet, das der Logik des Eigenkapitalkontos folgt. Das Eigenkapitalkonto ist ein Passivkonto, das im Haben zu und im Soll abnimmt. Daher werden Entnahmen im Soll und Einlagen im Haben gebucht.

Privatentnahmen beziehen sich auf Entnahmen von Geld oder Gütern (Produkten oder Dienstleistungen) für private Zwecke durch den Eigentümer. Bei Privateinlagen wird privates Vermögen, sei es in Form von Geld oder Gütern, eingebracht.

Soll	**Privat**	**Haben**
Privatentnahmen	Privateinlagen	

Privateinlagen erhöhen das Eigenkapital, während Privatentnahmen es mindern.

Das monatliche Einkommen, das Herr Bausig entnimmt, stellt eine Privatentnahme von Geldwerten dar.

Im Februar entnimmt er 5.500,00 € und im März sind es 4.300,00 €. Die Buchungen im Grund- und Hauptbuch lauten wie folgt:

Datum	Belegnummer	Buchungstext	Soll	Haben
	1	Privat	5.500,00	
		an Bank		5.500,00
	2	Privat	4.300,00	
		an Bank		4.300,00

S	Privat	H
1. 5.500,00		
2. 4.300,00		

S	Bank	H
AB	"""""	1. 5.500,00
		2. 4.300,00

Das Konto »Privat« ist eine spezielle Form eines Kontos ohne Anfangsbestand wie bei Erfolgskonten. Es funktioniert jedoch wie ein Passivkonto, vergleichbar mit dem Eigenkapitalkonto.

Wenn Herr Bausig eine Bargeldeinlage im Wert von 500,00 € tätigt, wird im Grund- und Hauptbuch folgendermaßen gebucht:

Datum	Belegnummer	Buchungstext	Soll	Haben
	3	Kasse	500,00	
		an Privat		500,00

S	Privat		H
1.	5.500,00	3.	500,00
2.	4.300,00		

S	Kasse		H
AB	"""		
3.	500,00		

Das Konto »Privat« wird wie jedes andere T-Konto abgeschlossen und der Saldo gebildet.

S	Privat		H
1.	5.500,00	3.	500,00
2.	4.300,00	Ek	9.300,00
	9.800,00		9.800,00

Der Saldo wird auf das Eigenkapitalkonto gebucht, im Soll, da er das Eigenkapital mindert.

S	Eigenkapital		H
Privat	9.300,00	AB	…

Der Buchungssatz, also die Buchung im Grundbuch lautet:

Datum	Belegnummer	Buchungstext	Soll	Haben
	4	Eigenkapital	9.300,00	
		an Privat		9.300,00

Die Buchungssätze sind einfach:

Bei **Entnahmen** wird immer	Privat an ...	gebucht.
Bei **Einlagen** wird immer	... an Privat	gebucht.

Gelegentlich können auch separate Konten für Privateinlagen und Privatentnahmen erstellt werden. Am Ende des Geschäftsjahres werden die Salden dieser Konten auf das Konto »Privat« übertragen und dann über das Eigenkapitalkonto abgeschlossen, wie oben gezeigt. Dies bietet zusätzliche Übersichtlichkeit, ist jedoch nicht verpflichtend.

9.3 Privatentnahmen und Privateinlagen von Sachwerten

Sachwerte, sei es in Form von Waren, Erzeugnissen, Nutzungen oder Leistungen, unterliegen der Umsatzsteuerpflicht, wie in § 3 UStG festgelegt. Bei privater Nutzung von Firmenressourcen wie einem Dienstwagen oder der Entnahme von Waren für den persönlichen Gebrauch müssen die Bruttobeträge auf dem Konto »Privat« gebucht werden. Auch Tätigkeiten wie die private Nutzung von durch das Unternehmen angestellte Dienstleistern, etwa einer Putzfrau, gelten als Privatentnahmen und sind umsatzsteuerpflichtig.

Die Umsatzsteuerpflicht entsteht bei Entnahmen, die zum vollen oder teilweisen Vorsteuerabzug berechtigen. Andernfalls würde die Bausig OHG unrechtmäßige Vorteile erlangen, wenn sie Waren unter Vorsteuerabzug beschafft und sie dann nicht unter Umsatzsteuerpflicht der OHG entnimmt. Die Entnahme wird praktisch als Lieferung des Unternehmens an den Unternehmer betrachtet.

Bei der Entnahme von Waren dürfen die Anschaffungskosten und nicht der Verkaufspreis angesetzt werden. Für selbst hergestellte Waren werden die Herstellungskosten als Maßstab für die Bewertung herangezogen. Herstellungskosten umfassen Aufwendungen für den Verbrauch von Roh-, Hilfs- und Betriebsstoffen sowie die Inanspruchnahme von Dienstleistungen.

Nehmen wir an, die Bausig OHG erhält eine große Holzlattenlieferung. Herr Bausig entnimmt Holzlatten im Wert von 297,50 € brutto für den privaten Gebrauch. Er möchte sich einen Holzschuppen in seinem Garten bauen. Die Buchung sieht folgendermaßen aus:

Datum	Belegnummer	Buchungstext	Soll	Haben
	5	Privat	297,50	
		an Entnahme von Gegenständen und sonstige Leistungen		250,00
		an Umsatzsteuer		47,50

Die Holzlatten sind zu den Anschaffungskosten bewertet. Es wird noch ein weiteres Konto benötigt: *Entnahme von Gegenständen und sonstige Leistungen.* Dieses Konto stellt ein **Ertragskonto** dar. Für die Bausig OHG ist die Entnahme wie ein Verkauf zu werten und erhöht den Gewinn des Unternehmens. Die Latten hätten auch an einen Kunden verkauft werden können. Die Buchung wird korrekt erfasst, indem die Gegenbuchung als Privatentnahme gebucht wird. Die Umsatzsteuer von 47,50 € muss dem Finanzamt gezahlt werden.

9.4 Trennung von Privat- und Geschäftsleben

Rechtlich ist eine klare Abgrenzung zwischen dem Privatleben und dem Geschäftsleben notwendig. Der einfachste Weg hierzu besteht darin, dass der Unternehmer zu Beginn oder Ende eines Monats einen festen Betrag vom Geschäftskonto auf das private Konto überweist und alle persönlichen Ausgaben vom eigenen Girokonto begleicht.

Eine Vermischung beider Bereiche, wie zum Beispiel, wenn Frau Petryzka die Vereinsgebühr für die Tochter von Herrn Bausig bezahlen soll oder wenn Herr Bausig bar von seinem privaten Geld Schrauben für die Bausig OHG von einem Einzelhändler erwirbt, ist zwar möglich, erfordert jedoch eine individuelle Buchung anhand von Belegen. Falls das Privatkonto an Umfang zunimmt, könnte eine differenzierte Buchung zwischen Privateinlagen und Privatentnahmen sinnvoll sein.

Für eine detaillierte Erklärung zu den Privateinlagen und Privatentnahmen können Sie dieses Video anschauen. Das Video geht außerdem auf die Unterscheidung zwischen persönlichen Steuern und Steuern des Unternehmens ein. Abschließend wird die Berechnung des Jahreserfolges anhand der Distanzrechnung erklärt.

Überprüfen Sie Ihr Wissen zu diesem Kapitel:

`https://learningapps.org/watch?v=pv0tvy8gc24`

Kapitel 10

Buchungen in Handelsbetrieben

Die Bausig OHG ist als Bauunternehmen selbst in der Produktion von Waren tätig, nämlich Lagerhallen, Garagen und Holzhütten. Als produzierendes Unternehmen zählt sie zu den Industrieunternehmen und richtet dementsprechend ihre Buchführung aus. Im Gegensatz dazu werden in Handelsbetrieben keine eigenen Produkte hergestellt, sondern lediglich Waren eingekauft und weiterverkauft. Daher entfallen Konten wie Roh-, Hilfs- und Betriebsstoffe. Auch die Konten für Bestandsveränderungen von Fertigen und Unfertigen Erzeugnissen werden in diesem Kontext nicht benötigt. In Handelsbetrieben werden die Konten »Warenaufwand«, »Warenvorrat« und »Umsatzerlöse für Waren« benötigt. Trotz dieser Unterschiede bleibt die grundlegende Systematik der Buchungen unverändert.

Im Weiteren wird der Prozess des Wareneinkaufs und -verkaufs näher erläutert.

10.1 Buchung des Wareneinkaufs

Ein Möbelunternehmen erwirbt Schränke im Nettowert von 25.000,00 €. Es wird angenommen, dass die Schränke zeitnah verkauft werden. Die Buchung des Wareneinkaufs wird nach dem aufwandsrechnerischen Verfahren über das Aufwandskonto »Warenaufwand« gebucht.

Die Buchung im Grundbuch lautet:

Datum	Belegnummer	Buchungstext	Soll	Haben
	1	Warenaufwand	25.000,00	
		Vorsteuer (19%)	4.750,00	
		an Verbindlichkeiten a. L. L.		29.750,00

Im Hauptbuch wird folgendermaßen gebucht:

S	Vorsteuer	H
1. 4.750,00		

S	Verbindlichk. a. LL.	H
		AB ...
		1. 29.750,00

S	Warenaufwand	H
1. 25.000,00		

Die Vorsteuer wird am Monatsende über die Umsatzsteuer verrechnet und abgeschlossen (siehe Kapitel 7 »Die Berechnung und Buchung der Umsatzsteuer«). Die Verbindlichkeiten werden am Ende des Geschäftsjahres über das Schlussbilanzkonto abgeschlossen (siehe Kapitel 4 »Buchen auf Bestandskonten«) und das Aufwandskonto Warenaufwand wird am Ende des Geschäftsjahres über das Gewinn- und Verlustkonto abgeschlossen (siehe Kapitel 5 »Buchen auf Erfolgskonten«).

10.2 Buchung des Warenverkaufs

Das Möbelunternehmen verkauft an einen Kunden zwei Schränke im Nettowert von 5.000,00 €. Beim Verkauf wird das **Ertragskonto Umsatzerlöse für Waren** eröffnet.

Die Buchung im Grundbuch sieht folgendermaßen aus:

Datum	Belegnummer	Buchungstext	Soll	Haben
	2	Bank	5.950,00	
		an Umsatzerlöse für Waren		5.000,00
		an Umsatzsteuer		950,00

Die Buchung im Hauptbuch lautet:

S	Bank	H
AB	...	
2.	5.950,00	

S	Umsatzsteuer	H
		2. 950,00

S	Umsatzerl. f. Waren	H
		2. 5.000,00

Das Bankkonto wird am Ende des Geschäftsjahres über das Schlussbilanzkonto abgeschlossen (siehe Kapitel 4 »Buchen auf Bestandskonten«). Die Umsatzsteuer wird am Monatsende mit der Vorsteuer verrechnet (siehe Kapitel 7 »Die Berechnung und Buchung der Umsatzsteuer«). Die Umsatzerlöse für Waren werden am Ende des Geschäftsjahres über das Gewinn- und Verlustkonto abgeschlossen (siehe Kapitel 5 »Buchen auf Erfolgskonten«).

10.3 Warenbestandsrechnung

Wenn bei Einkauf direkt auf das Aufwandskonto »Warenaufwand« gebucht wird, muss am Ende des Geschäftsjahres das Bestandskonto Warenvorrat aktualisiert werden. Dies erfolgt durch die Inventur, bei der der Schlussbestand an Waren ermittelt wird.

Für das Möbelunternehmen, das zu Beginn des Geschäftsjahres Warenvorräte im Wert von 125.000,00 € netto im Lager und Ausstellungsraum hatte, ergab die Inventur am Ende des Geschäftsjahres einen Wert von 115.000,00 € netto. Die Differenz der beiden Werte repräsentiert die Bestandsveränderung.

Das Konto »Warenvorrat« wird wie folgt abgeschlossen:

S	Warenvorrat		H
AB	125.000,00	SB	115.000,00
		3.	10.000,00

S	Warenaufwand	H
3.	10.000,00	

Der Schlussbestand wird in das Schlussbilanzkonto übertragen. In diesem Fall ist eine **Bestandsminderung** aufgetreten, die auf die Sollseite des Aufwandskontos »Warenaufwand« übertragen wird.

Bestandsminderungen erhöhen die Wareneinkäufe auf dem Aufwandskonto »Warenaufwand«.

Für das Möbelunternehmen im nächsten Jahr ergibt sich ein Anfangsbestand von 115.000,00 € netto und am Ende des Geschäftsjahres wird laut Inventur ein Bestand von 120.000,00 € netto festgestellt. Eine **Bestandsmehrung** ist entstanden, die wie folgt gebucht wird:

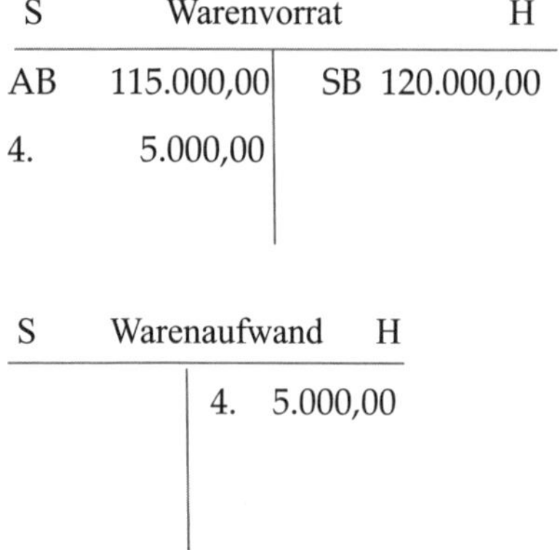

Bestandsmehrungen verringern die Wareneinkäufe auf dem Aufwandskonto »Warenaufwand«.

Die Zusammenhänge der Warenbestandsrechnung sowie der Warenerfolgsrechnung werden in diesem Schaubild verdeutlicht.

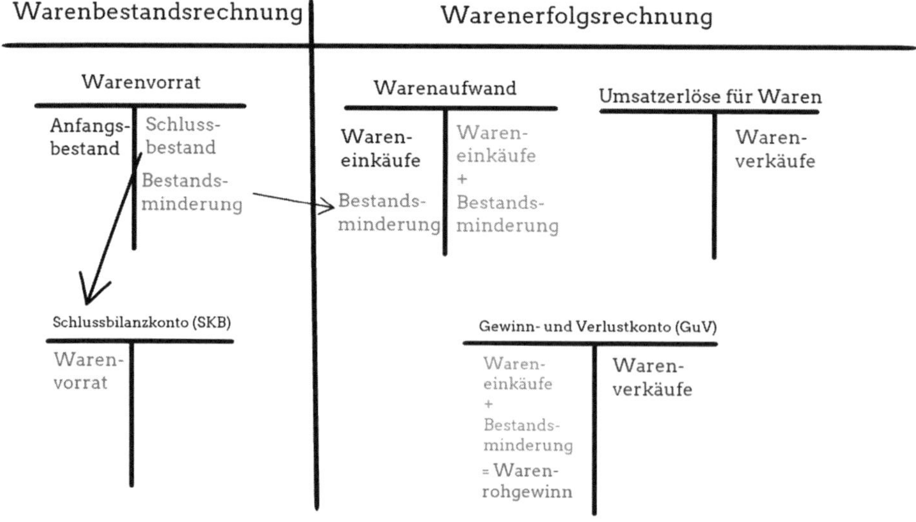

Der Schlussbestand der Warenvorräte stellt im Schlussbilanzkonto ein Vermögen dar. Der Wareneinkauf und die Bestandsminderungen stellen in der GuV-Rechnung einen Aufwand dar. Dagegen stellen die Warenverkäufe Erträge dar. Die Differenz aus den Warenverkäufen und dem Wareneinkauf sowie Bestandsminderungen ist der Warenrohgewinn.

Überprüfen Sie Ihr Wissen zu diesem Kapitel:

https://learningapps.org/watch?v=peadhrrrc24

Anhang

Geschäftsfälle zu den Buchungssätzen des Abschnitt 4.3 »Vom Grund- zum Hauptbuch«

02.05. Die Bausig OHG kauft per Banküberweisung einen Laptop im Wert von 400,00 €.

15.06. Die Bausig OHG nimmt ein Darlehen von der Bank im Wert von 5.000,00 € auf.

17.06. Verkauf einer Fräsmaschine im Wert von 2.550,00 € per Banküberweisung.

07.08. Ein Kunde begleicht seine Rechnung im Wert von 2.520,00 €.

17.08. Kauf von Werkzeugen im Wert von 990,00 € per Banküberweisung.

02.09. Die Bausig OHG kauft sich einen neuen Transporter im Wert von 15.000,00 € und bezahlt 13.000,00 € per Banküberweisung und 2.000,00 € bar.

06.10. Verkauf eines Grundstückes im Wert von 25.000,00 € per Banküberweisung.

15.10. Tilgung des Darlehens, 15.000,00 €

18.11. Die Bausig OHG kauft Holz im Wert von 1.450,00 € auf Ziel.

06.12. Von der Bank werden 650,00 € abgehoben und in die Kasse gelegt.

Anhang B

Auflistung von sämtlichen Aufwands- und Ertragskonten

Aufwandskonten:

- Aufwendungen für Roh-, Hilfs- und Betriebsstoffe
- Lohnaufwendungen
- Gehälter
- Soziale Abgaben und Aufwendungen für Altersversorgung und für Unterstützung
- Reparaturaufwendungen
- Verpackungsmaterial
- Mietaufwendungen
- Pachtaufwendungen
- Zinsaufwendungen
- Warenaufwendungen
- Abschreibungen auf Sachanlagen
- Abschreibungen auf Finanzanlagen und auf Wertpapiere
- Büromaterial
- Postgebühren
- Telekommunikation
- Reisekosten
- Werbungsaufwendungen
- Aufwendungen für Versicherungsbeiträge
- Grundsteuer
- Kraftfahrzeugsteuer
- Gewerbesteuer
- Körperschaftssteuer
- Kapitalertragssteuer
- Rechts- und Beratungskosten
- Kosten des Geldverkehrs

Ertragskonten:

- Umsatzerlöse für Waren
- Umsatzerlöse für eigen hergestellte Erzeugnisse
- Mieterträge
- Zinserträge
- Provisionserträge
- Bestandsveränderungen an fertigen Erzeugnissen
- Bestandsveränderungen an unfertigen Erzeugnissen
- Erträge aus Beteiligungen
- Erträge aus Wertpapieren

Die Bezeichnungen für Aufwendungen und Erträge können je nach Branche und den spezifischen Gegebenheiten eines Unternehmens von dieser Liste abweichen. Der Kontenrahmenplan für die Industrie und das Handelsgewerbe enthält eine umfassende Aufstellung der verschiedenen Aufwendungen und Erträge.

Stichwortverzeichnis

Holger Nils Pohl

Mehr Klarheit mit Visualisierung im Business

36 Tools zum einfachen Visualisieren und Lösen komplexer Aufgaben

Mit visuellen Werkzeugen zahlreiche Aufgaben einfacher lösen und Prozesse im Arbeitsumfeld effektiver gestalten

Hilfreiche visuelle Tools und Vorlagen für effektives Arbeiten, Präsentieren, Strukturieren und Analysieren

Für zahlreiche Anwendungsfälle wie Meetings, Workflows, Workshops, Problemlösung, Kundengespräche, Projektmanagement, agile Transformation, Geschäftsentwicklung u.v.m.

Du suchst nach einem neuen Ansatz, um die komplexen Herausforderungen des heutigen Business-Umfelds zu bewältigen? Du möchtest deine Ideen effektiver präsentieren und Meetings produktiver gestalten?

In diesem Buch zeigt dir Holger Nils Pohl den Einsatz visueller Werkzeuge, die dir helfen, zahlreiche Aufgaben einfacher zu lösen und effektiver zu erledigen sowie komplexe Prozesse leichter zu verstehen, klarer darzustellen und zu kommunizieren. Dabei gehst du nach einem einfachen, aber wirkungsvollen dreistufigen Prozess vor: Verstehen, Erschaffen und Teilen.

Im Hauptteil des Buches erläutert der Autor 36 hilfreiche visuelle Werkzeuge und zeigt dir den richtigen Kontext für deren Einsatz.

Außerdem findest du im Buch viele anschauliche Anwendungsbeispiele aus der Praxis: ein Unternehmen auf dem Weg zur digitalen Transformation und im Transformationsprozess, Präsentation von Projektergebnissen, Entwicklung und Pitch eines Geschäftsmodells u.v.m.

Abgerundet wird das Buch mit einem Kapitel über das Visualisieren mit dem Stift. Hier lernst du einfache Zeichengrundlagen und erhältst insbesondere ein Verständnis für Klarheit schaffende Strukturen.

ISBN 978-3-7475-0673-8

Probekapitel und Infos erhalten Sie unter:
www.mitp.de/0673